KB006576

갯벌

나들이도감

세밀화로 그린 보리 산들바다 도감

갯벌 나들이도감

글 보리 편집부

그림 이원우, 백남호, 조광현, 천지현, 김시영, 이주용

감수 고철환(서울대학교 해양학과 교수), 김수일(전 한국교원대학교 생물학과 교수),
손민호(부경대학교 해양과학공동연구소 선임연구원), 이학곤(강화 길상초등학교 교사),
전의식(한국식물연구회 명예회장), 제종길(전 한국해양연구소 책임연구원)

편집 김종현, 정진이
기획실 김소영, 김용란
교정교열 김용심
디자인 이안디자인
제작 심준엽
영업마케팅 김현정, 심규완, 양병희
영업관리 안명선
새사업부 조서연
경영지원실 노명아, 신종호, 차수민
분해와 출력인쇄 (주)로얄프로세스
제본 (주)상지사 P&B

1판 1쇄 펴낸 날 2016년 1월 20일 | **1판 7쇄 펴낸 날** 2024년 12월 3일
펴낸이 유문숙
펴낸 곳 (주) 도서출판 보리
출판등록 1991년 8월 6일 제 9-279호
주소 경기도 파주시 직지길 492 우편번호 10881
전화 (031)955-3535 / **전송** (031)950-9501
누리집 www.boribook.com **전자우편** bori@boribook.com

값 12,000원
보리는 나무 한 그루를 베어 낼 가치가 있는지 생각하며 책을 만듭니다.

ISBN 978-89-8428-892-8 06470 978-89-8428-890-4 (세트)
이 도서의 국립중앙도서관 출판시도서목록(CIP)은 서지정보유통지원시스템 홈페이지
(http://seoji.nl.go.kr)와 국가자료공동목록시스템(http://www.nl.go.kr/kolisnet)에서
이용하실 수 있습니다. (CIP 제어번호 : CIP2015029876)

세밀화로 그린 보리 산들바다 도감

갯벌에서 만나는 동식물 172종

갯벌
나들이도감

글 보리 | 그림 이원우 외 | 감수 고철환 외

보리

일러두기

1. 아이부터 어른까지 함께 볼 수 있도록 쉽게 썼다.

2. 들고 다니며 갯벌 동식물을 찾아볼 수 있도록 만들었다.

3. 이 책에는 우리나라 갯벌에 사는 동물과 식물 172종이 실려 있다.

4. 바닷가에서 흔히 볼 수 있는 차례로 나누었고, 갈래 안에서는 분류하는 차례대로 실었다.

5. 이름과 분류와 학명은 《한국동물명집(곤충 제외)》(1997), 《한국동식물도감》(제14권 동물편 집게, 게류, 1973), 《원색한국패류도감》(1993), 《원색한국패류도감》(1991), 《한국의 새》(2000), 《한국동식물도감》(제8권 식물편 해조류, 1968), 《대한식물도감》(2003), 《한국해양무척추동물도감》(2006)을 참고했다.

6. 과명에 사이시옷은 적용하지 않았다.

　　군붓과 ⟶ 군부과

7. 맞춤법과 띄어쓰기는 《표준국어대사전》을 따랐다.

8. 크기에서 게 '등딱지'는 등딱지 폭과 길이를 나타낸 것이다. 조개 '크기'는 조가비 폭과 길이를 나타낸 것이고, 고둥 '크기'는 껍데기 폭과 길이를 나타낸 것이다.

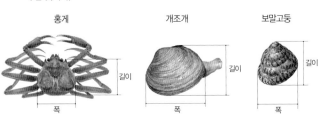

홍게　　　　　　　　개조개　　　　　　　　보말고둥

9. 본문 보기

보조 그림

무리별 분류

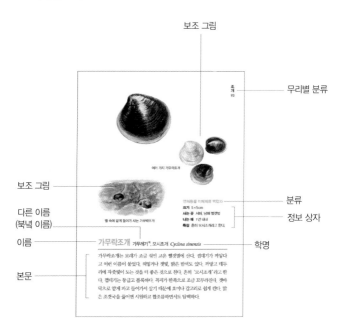

예민 가지 가무락조개

보조 그림

펄 속에 깊게 들어가 사는 가무락조개

다른 이름
(북녘 이름)

이름

본문

연체동물 이매패류 백합기

크기 5×5cm
사는 곳 서해, 남해 펄갯벌
나는 때 1년 내내
특징 흔히 모시조개라고 한다.

분류

정보 상자

가무락조개 가무레기*, 모시조개 *Cyclina sinensis* ── 학명

가무락조개는 모래가 조금 섞인 고운 펄갯벌에 산다. 껍데기가 꺼멓다
고 이런 이름이 붙었다. 허옇거나 갯벌, 밝은 밤색도 있다. 까맣고 매끈
거리에 자줏빛이 노는 것을 더 좋은 것으로 찬다. 흔히 '모시조개'라고 한
다. 껍데기는 둥글고 볼록하다. 꼭지가 한쪽으로 조금 꼬부라진다. 껍데
기로 얕게 파고 들어가서 살기 때문에 호미나 갈고리로 쉽게 캔다. 맑
은 조갯국을 끓이면 시원하고 깝조름하면서도 담백하다.

갯벌
나들이도감

갯벌 더 알아보기

그림으로 찾아보기

그림으로 찾아보기

1. 게

집게 28

밤게 29

그물무늬금게 30

털게 31

꽃게 32

민꽃게 33

꽃부채게 34

무딘이빨게 35

펄털콩게 36

펄콩게 36

흰발농게 37

농게 38

엽낭게 39

달랑게 40

세스랑게 41

길게 42

칠게 43

무늬발게 44

풀게 45

방게 46

갈게 47

도둑게 48

홍게 49

대게 50

뿔물맞이게 51

자게 52

2. 고둥

전복 53

둥근배무래기 54

테두리고둥 55

개울타리고둥 56

보말고둥 57

황해비단고둥 58

소라 59

눈알고둥 60

갈고둥 61

총알고둥 62

갯고둥 63

갯비틀이고둥 63

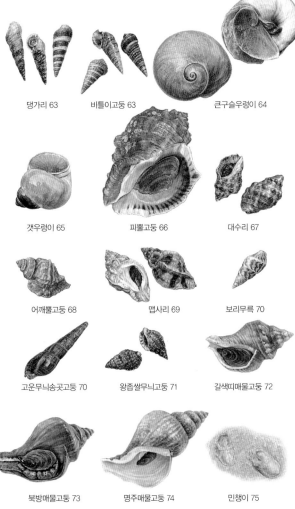

댕가리 63

비틀이고둥 63

큰구슬우렁이 64

갯우렁이 65

피뿔고둥 66

대수리 67

어깨뿔고둥 68

맵사리 69

보리무륵 70

고운무늬송곳고둥 70

왕좁쌀무늬고둥 71

갈색띠매물고둥 72

북방매물고둥 73

명주매물고둥 74

민챙이 75

3. 조개

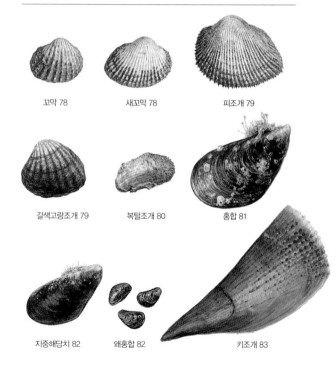

비단가리비 84

큰가리비 85

굴 86

토굴 87

북방밤색무늬조개 88

바지락 89

개조개 90

백합 91

민들조개 92

가무락조개 93

떡조개 94

살조개 95

아담스백합 96

새조개 97

동죽 98

개량조개 09

북방대합 100

왕우럭조개 101

가리맛조개 102

돼지가리맛 103

맛조개 104

대맛조개 105

4. 새우

대하 106

젓새우 107

마루자주새우 107

딱총새우 108

쏙 109

쏙붙이 110

가재붙이 111

갯가게붙이 112

갯가재 113

갯강구 114

5. 따개비

거북손 115

고랑따개비 116

빨강따개비 116

검은큰따개비 117

6. 갯지렁이

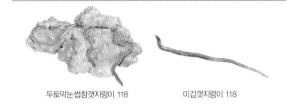

두토막눈썹참갯지렁이 118

미갑갯지렁이 118

7. 불가사리와 성게, 해삼

검은띠불가사리 119

아무르불가사리 120

별불가사리 121

가시거미불가사리 122

분지성게 123

보라성게 124

염통성게 125

해삼 126

가시닻해삼 127

8. 해파리와 말미잘

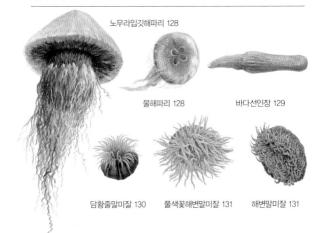

노무라입깃해파리 128

물해파리 128

바다선인장 129

담황줄말미잘 130

풀색꽃해변말미잘 131

해변말미잘 131

9. 오징어와 문어

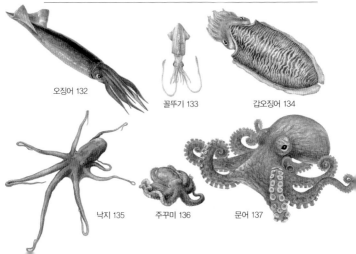

오징어 132

꼴뚜기 133

갑오징어 134

낙지 135

주꾸미 136

문어 137

10. 개맛

개맛 138

11. 개불

개불 139

12. 미더덕과 멍게

미더덕 140

멍게 141

붉은멍게 141

13. 물고기

베도라치 142

풀망둑 143

말뚝망둥어 144

짱뚱어 145

14. 새

혹부리오리 147

검은머리물떼새 148

저어새 146

댕기물떼새 149

민물도요 150

알락꼬리마도요 151

괭이갈매기 152

붉은부리갈매기 153

쇠제비갈매기 154

물수리 155

15. 바닷말

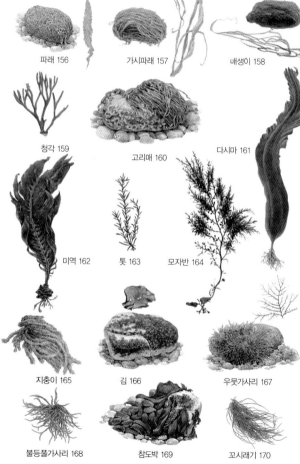

파래 156

가시파래 157

배생이 158

청각 159

고리매 160

다시마 161

미역 162

톳 163

모자반 164

지충이 165

김 166

우뭇가사리 167

불등풀가사리 168

참도박 169

꼬시래기 170

16. 바닷가 식물

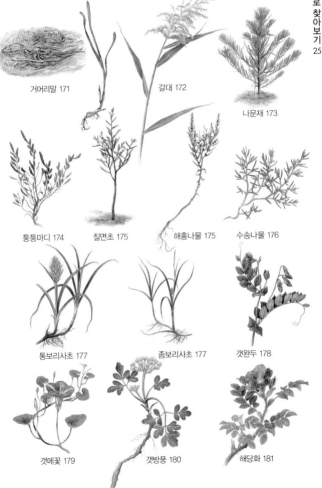

거머리말 171

갈대 172

나문재 173

퉁퉁마디 174

칠면초 175

해홍나물 175

수송나물 176

통보리사초 177

좀보리사초 177

갯완두 178

갯메꽃 179

갯방풍 180

해당화 181

바닷가 동물과 식물

긴발가락참집게 *Pagurus dubius*

고둥 껍데기에서 빠져나온 집게

절지동물 갑각류 집게과
등딱지 0.5×0.7cm
먹이 죽은 게, 조개, 물고기, 바닷말
사는 곳 바닷가 물웅덩이
특징 고둥 껍데기에서 산다.

집게 게골뱅이^북, 소라게

집게는 바닷가 물웅덩이에 흔하다. 물속에서 긴 다리 두 쌍으로 슬금슬
금 기어 다닌다. 고둥 껍데기를 집으로 삼는다고 '집게'다. 다른 게와 달
리 배와 꼬리가 말랑말랑해서 단단한 고둥 껍데기에 들어가 산다. 위험
을 느끼면 잽싸게 고둥 껍데기 속으로 숨는다. 꼬리가 갈고리처럼 생겨
서 고둥 속에 들어가면 빼내기 어렵다. 한쪽 집게발이 다른 한쪽보다 세
배쯤 크다. 몸이 자라면 더 큰 고둥 껍데기로 옮긴다.

짝짓기하는 밤게

절지동물 갑각류 밤게과
등딱지 2.5×2.2cm
먹이 죽은 게, 조개, 물고기, 개흙
사는 곳 서해, 남해 갯벌
특징 앞으로 걷는다.

밤게 바다킹이 *Philyra pisum*

밤게는 모래가 많이 섞인 서해와 남해 갯벌에 산다. 밤톨처럼 볼록하니 동그스름해서 '밤게'라고 한다. 칠게나 농게와 달리 구멍을 안 판다. 다른 게처럼 옆으로 안 걷고 앞으로 걷는다. 움직임이 느려서 살아 있는 동물은 못 잡아먹고 죽은 생물을 먹고 살면서 갯벌 청소부 노릇을 한다. 집게발이 억세게 보이지만 잘 물지 않는다. 건드리면 제자리에서 죽은 척한다. 그러다 모래 속으로 몸 뒤쪽부터 파고들어 숨는다.

절지동물 갑각류 금게과
등딱지 3.5×3.2cm
사는 곳 서해, 남해 갯벌
특징 모래 속으로 파고 든다.

그물무늬금게 방기, 빠각게 *Matuta planipes*

그물무늬금게는 맑고 얕은 바닷속 모랫바닥에 산다. 등딱지에 그물 무늬가 있어서 '그물무늬금게'다. 노란 빛깔과 무늬 때문에 눈에 잘 띈다. 등딱지 양 옆에는 날카로운 가시가 하나씩 있다. 기어 다니지 않고 모래 속에 숨어 있다. 밤게처럼 몸 뒤쪽부터 파고 들어간다. 건드리면 빠각빠각 소리를 낸다고 '빠각게'라고도 한다. 갯마을에서는 갖은 양념에 무쳐 날로 먹거나 게장을 담가 먹는다.

절지동물 갑각류 털게과
등딱지 10×10.4cm
먹이 작은 물고기, 조개, 새우, 바닷말
사는 곳 동해, 남해
잡는 때 늦가을~이른 봄
특징 온몸에 털이 나 있다.

털게 몰게, 웅게 *Erimacrus isenbeckii*

털게는 동해 찬 바다에서 산다. 남해에서도 나지만 흔하지 않다. 온몸에 털이 많아서 이름이 '털게'다. 경남 통영에서는 모자반과 닮은 '몰' 숲에 많이 산다고 '몰게', 전남 여수에서는 '씀벙게'라고 한다. 공처럼 웅크리고 있다고 '웅게'라고도 한다. 깊은 바닷속에 살다가 겨울에 얕은 바다로 나와 짝짓기를 한다. 암컷은 알을 낳아 열 달 동안 배에 붙이고 다닌다. 겨울에 잡아서 쪄 먹거나 게장을 담가 먹는다.

절지동물 갑각류 꽃게과
등딱지 17.5×8.5cm
먹이 갯지렁이, 조개, 새우, 게, 물고기
사는 곳 서해, 남해 바닷속
잡는 때 봄, 가을
특징 헤엄을 잘 친다.

꽃게 꽃기, 뻘떡게 *Portunus trituberculatus*

꽃게는 물 깊이가 20~30m쯤 되는 서해 바닷속에서 산다. 기어 다니기
보다 헤엄치는 것을 좋아한다. 맨 뒤쪽 다리 한 쌍이 노처럼 납작해서
헤엄을 잘 친다. 등딱지는 갑옷같이 딱딱하고 푸른빛을 띤다. 집게발이
무척 크고 억세다. 건드리면 집게발을 쳐들고 벌떡 일어나서 '뻘떡게'
라고도 한다. 여름에 알을 낳고, 늦가을에 서해 남쪽으로 내려가서 겨
울을 난다. 찌거나 국을 끓이고 게장을 담가 먹는다.

절지동물 갑각류 꽃게과
등딱지 9×6cm
먹이 고둥, 조개
사는 곳 갯바위, 얕은 바다
잡는 때 가을~봄
특징 꽃게와 닮았다.

민꽃게 박하지, 돌게 *Charybdis japonica*

민꽃게는 얕은 바다에서 산다. 썰물 때 돌 밑이나 바위틈에서 쉽게 볼 수 있다. 꽃게와 닮았는데 꽃게보다 작다. 꽃게처럼 맨 뒤쪽 다리 한 쌍이 노처럼 생겼다. 밤색 바탕에 얼룩덜룩한 무늬가 있다. 성질이 사납고 재빠르게 움직인다. 고둥이나 조개를 잡아서 집게발로 껍데기를 부수고 속살을 먹는다. 민꽃게는 게장을 많이 담가 먹는다. 여름에 낳는 알은 따로 모아 젓갈을 담근다.

절지동물 갑각류 부채게과
등딱지 2.4×1.6cm
사는 곳 갯바위, 자갈밭
특징 꼭 돌처럼 생겼다.

꽃부채게 돌깅이, 돌팍깅이 *Macromedaeus distinguendus*

꽃부채게는 얕은 바다 갯바위나 자갈 바닥에 산다. 몸통이 부채처럼 생겼고 등딱지가 울퉁불퉁하다. 두 집게발은 크고 억세게 생겼는데, 건드리면 대들거나 도망치지 않고 다리를 움츠린 채 꼼짝도 안 한다. 생김새와 빛깔이 꼭 돌 같아서 바위틈이나 돌밭에 있으면 눈에 잘 안 띈다. 제주도에서는 갯바위에 많다고 '돌깅이'라고 한다. 여름에 알을 낳는다. 꽃부채게는 안 먹는다.

절지동물 갑각류 원숭이게과
등딱지 3.8×2.9cm
먹이 개흙 속 영양분
사는 곳 서해, 남해
특징 등딱지에 점 두 개가 있다.

무딘이빨게 *Eucrate crenata*

무딘이빨게는 물 깊이가 20~100m쯤 되는 서해와 남해 바닷속에 산다. 등딱지는 불그스름하고 크고 까만 점 두 개가 또렷하다. 볼록하고 매끈하며 윤이 난다. 가끔 여름에 물 빠진 갯벌에 나와 있다. 움직임이 굼뜨고, 건드리면 달아나지 않고 죽은 척한다. 갯마을에서는 무딘이빨게를 튀겨 먹기도 한다.

펄털콩게 *I. deschampsi*
펄털콩게보다 작다.

절지동물 갑각류 달랑게과
등딱지 1.1×0.8cm
먹이 뻘 속 영양분
사는 곳 갯가 진흙 바닥
특징 크기가 콩알만 하다.

펄털콩게 펄긩이, 콩게 *Ilyoplax pingi*

펄털콩게는 뭍이 가까운 진흙 갯바닥에 구멍을 파고 산다. 엽낭게나 달
랑게와 닮았다. 등딱지 너비가 1cm 남짓으로 작다. 크기가 콩알만 하다
고 '콩게'라고도 한다. 두 집게발 크기가 같고 등딱지에는 아주 짧은 털
이 나 있다. 물이 빠지면 구멍 밖으로 나와서 뻘을 주워 먹는다. 굴을 파
면서 끄집어낸 흙을 굴 밖으로 내놓는다. 그래서 갯바닥 위에 모래알이
굴뚝처럼 쌓인다.

알을 밴 암컷

수컷

절지동물 갑각류 달랑게과
등딱지 2×1.3cm
먹이 뻘 속 영양분
사는 곳 서해, 남해 갯벌
특징 수컷 한쪽 집게발이 크고 하얗다.

흰발농게 *Uca lactea lactea*

흰발농게는 모래가 많이 섞인 갯벌에 구멍을 파고 산다. 농게와 닮았는
데 농게보다 작다. 수컷 한쪽 집게발이 하얗다고 '흰발농게'라고 한다.
몸보다 집게발이 훨씬 크다. 짝짓기 철에 암컷 눈에 띄려고 큰 집게발을
들고 앞뒤로 흔들어 댄다. 암컷은 두 집게발 크기가 같고 작다. 물이 빠
지면 구멍 밖으로 나와 부지런히 뻘을 먹는다. 위험을 느끼면 눈 깜짝할
사이에 구멍 속으로 숨는다.

암컷

수컷

절지동물 갑각류 달랑게과
등딱지 3.2×2cm
먹이 뻘 속 영양분
사는 곳 서해, 남해 뻘갯벌
특징 수컷 한쪽 집게발이 크고 빨갛다.

농게 구멍

농게 농발게, 붉은농발게 *Uca arcuata*

농게는 뭍이 가까운 갯벌에서 구멍을 파고 산다. 물이 빠지면 구멍 밖으로 나와서 갯고랑 언저리에 무리 지어 모인다. 수컷 집게발 한쪽이 빨개서 '붉은농발게'라고도 한다. 집게발이 워낙 크고 빨개서 멀리서도 눈에 잘 띈다. 암컷은 두 집게발이 다 작다. 농게가 사는 구멍 둘레에는 흙이 굴뚝처럼 쌓인다. 물이 들어오면 집게발로 뻘을 떠서 구멍을 막는다. 잡아서 게장을 담가 먹는다.

엽낭게들이 먹이만 골라 먹고
뱉어 낸 모래 뭉치들

절지동물 갑각류 달랑게과
등딱지 1.1×0.8cm
먹이 모래 속 영양분
사는 곳 바닷가 모래밭
특징 모래를 경단처럼 뭉쳐 뱉는다.

엽낭게 콩게 *Scopimera globosa*

엽낭게는 바닷가 모래밭에 10~20cm 깊이로 굴을 곧게 파고 산다. 몸 빛
깔이 모래와 비슷하고 크기도 작아서 눈에 잘 안 띈다. 물이 빠지면 수
많은 엽낭게가 구멍에서 나와 기어 다닌다. 두 집게발로 모래 속 영양분
을 골라먹고 나머지는 경단처럼 뱉어 낸다. 바닷가 모래밭에서 엽낭게
가 뱉어 놓은 모래 뭉치들을 쉽게 볼 수 있다. 조그만 기척에도 잽싸게
구멍으로 숨는다. 그러면 모래밭에 물이 쫙 빠지듯이 일렁인다.

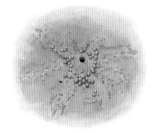

달랑게 구멍과 모래 뭉치

절지동물 갑각류 달랑게과
등딱지 2.2×1.9cm
먹이 모래 속 영양분
사는 곳 바닷가 모래밭
특징 달랑달랑 옆으로 잘 긴다.

달랑게 유령게, 옹알이 *Ocypode stimpsoni*

달랑게는 뭍이 가까운 깨끗한 모래밭에 산다. 굴을 50cm쯤 파고들어
간다. 엽낭게보다 몸집이 크다. 눈도 크고 눈자루가 길다. 집게발은 한
쪽이 더 크다. 낮에는 구멍 속에 있다가 밤에 나와 돌아다녀서 '유령
게'라고도 한다. 빛깔이 모래와 비슷해서 눈에 잘 안 띈다. 모래를 떠서
먹이만 골라먹고 나머지는 동그란 모래 뭉치로 뱉어 낸다. 이상한 낌새
를 채면 구멍 속으로 쏙 들어가 눈자루만 높이 세워 밖을 살핀다.

절지동물 갑각류 달랑게과
등딱지 2.2×1.4cm
먹이 뻘 속 영양분
사는 곳 서해, 남해 진흙바닥
특징 건드리면 죽은 척한다.

세스랑게 *Cleistostoma dilatatum*

세스랑게는 뭍에서 가까운 바닷가 진흙 바닥에 굴을 파고 산다. 갯벌 진흙을 치덕치덕 쌓아 굴뚝 같은 집을 지어 올린다. 몸빛은 밤색인데 잔털이 많이 나 있다. 두 집게발은 크기가 같고 수컷 집게발이 암컷 집게발보다 훨씬 크다. 발 끄트머리가 불그스름하다. 물이 빠지면 구멍 밖으로 나와서 개흙을 집어 먹는다. 뻘흙을 뒤집어 쓰고 있어서 눈에 잘 안 띈다. 잡으려고 손을 대면 죽은 척하며 꼼짝 안 한다.

암컷

수컷

절지동물 갑각류 달랑게과
등딱지 3.7×1.7cm
먹이 모래나 뻘 속 영양분
사는 곳 서해, 남해 갯바닥
특징 등딱지가 가로로 길쭉하다.

길게 길거이, 능쟁이 *Macrophthalmus dilatatus*

길게는 모래가 많이 섞인 진흙 갯벌에서 무리 지어 산다. 칠게와 닮았는
데 등딱지가 유난히 가로로 길어서 '길게'라는 이름이 붙었다. 눈자루
가 가늘고 길다. 몸통 가장자리와 다리에 털이 많고, 집게발에 오톨도톨
한 돌기가 촘촘하게 나 있다. 두 집게발 크기가 같은데, 수컷 집게발이
암컷 집게발보다 훨씬 크다.

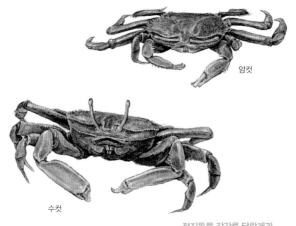

암컷

수컷

절지동물 갑각류 달랑게과
등딱지 3.5×2.3cm
먹이 뻘 속 영양분
사는 곳 서해, 남해 갯벌
특징 갯벌에 아주 많다.

칠게 찔기미, 찍게 *Macrophthalmus japonicus*

칠게는 물기가 축축한 갯벌에 굴을 파고 산다. 갯벌에서 흔히 볼 수 있다. 무리를 크게 짓는다. 물이 빠지면 구멍 밖으로 나와 쉴 새 없이 뻘을 먹고 영역 싸움을 한다. 눈치가 빨라서 여차하면 구멍 속으로 잽싸게 들어간다. 긴 눈자루만 잠망경처럼 구멍 밖으로 내놓고 둘레를 살핀다. 잡아서 게장을 담가 먹는다.

암컷 배 쪽에 노랗게 알처럼 붙어 있는
것은 알이 아니고, 기생성 따개비들이
들어가 사는 주머니다.

절지동물 갑각류 바위게과
등딱지 3.2×2.8cm
먹이 바닷물 속 영양분, 작은 동물
사는 곳 갯바위 돌 밑이나 자갈밭
특징 기름 냄새가 난다.

무늬발게 지름게, 똘장게 *Hemigrapsus sanguineus*

무늬발게는 물이 맑은 바닷가 갯바위나 자갈밭에 산다. 돌을 들추면 많다. 등딱지는 매끈하고 누런색 바탕에 까만 점이 많아서 얼룩덜룩하다. 위험을 느끼면 재빨리 바위틈으로 숨는다. 물웅덩이에서 얼쩡거리다 말미잘한테 잡아먹히기도 한다. 갯마을에서는 기름 냄새가 난다고 '지름게'라고 한다. 게장을 담가 먹거나 튀겨 먹는다.

절지동물 갑각류 바위게과
등딱지 2.5×2cm
먹이 바닷물 속 영양분. 작은 동물
사는 곳 갯바위 돌 틈, 자갈밭
특징 바닷가 바위나 자갈밭에 흔하다.

풀게 똘장게, 납작게 *Hemigrapsus penicillatus*

풀게는 바닷가 바위나 자갈밭에서 흔하게 볼 수 있다. 사는 곳에 따라 빛깔이나 무늬가 조금씩 다르다. 자갈밭에서는 자갈색을 띠고 조개 더미에서는 조개껍데기 색을 띤다. 수컷 집게발은 크고 억세다. 암컷 집게발은 작다. 위험을 느끼면 바위나 돌 틈으로 숨는다. 서해 갯마을에서는 풀게처럼 바위에 사는 자잘한 게를 두루 '똘장게'라고 한다. 소금을 뿌려 노린내를 뺀 뒤 게장을 담가 먹는다.

암컷

수컷

암컷은 알을 품기 때문에
배딱지가 넓고 둥글다.
수컷은 배딱지가 좁고
뾰족하다.

절지동물 갑각류 바위게과
등딱지 3.2×2.7cm
먹이 뻘 속 영양분, 풀, 썩은 동물
사는 곳 뻘갯벌, 강어귀 갈대밭
특징 바닷가 갈대밭에 많이 산다.

갈대밭에서 어슬렁거리는 방게

방게 참갱이, 방기 *Helice tridens tridens*

방게는 민물과 바닷물이 만나는 강어귀 뻘 바닥에 비스듬히 굴을 파고
산다. 갈대밭에서도 많이 산다. 두 집게발이 크고 튼튼해서 굴을 잘 판
다. 굴을 팔 때 나온 흙을 구멍 둘레에 높게 쌓아 놓기도 한다. 뻘 속 영
양분을 먹고 풀도 갉아 먹고 작은 동물이나 썩은 동물도 먹는다. 여름
에 알을 낳는다. 방게는 맛이 좋아서 게장을 많이 담가 먹는다. 봄에 시
장에도 나온다.

절지동물 갑각류 바위게과
등딱지 3×2.5cm
먹이 뻘 속 영양분, 풀, 썩은 동물
사는 곳 갯가, 갈대밭, 염전
특징 방게와 닮았다.

갈게 *Helice tridens tientsinensis*

갈게는 바닷가 진흙 바닥에 굴을 파고 산다. 바닥이 조금 단단해도 굴을 잘 판다. 1m까지 깊게 파기도 한다. 갈대밭에 많이 산다고 '갈게'라는 이름이 붙었다. 방게와 쌍둥이처럼 닮았다. 뭍에 더 가까운 간척지나 염전에서도 볼 수 있다. 집게발을 부지런히 움직여 뻘을 먹는다. 먹이를 먹을 때 두 눈을 높이 세우고 살피다가 위험을 느끼면 제 구멍으로 후다닥 숨는다. 게장을 담가 먹거나 튀겨 먹는다.

절지동물 갑각류 바위게과
등딱지 3.3×2.9cm
먹이 뻘 속 영양분, 음식 찌꺼기
사는 곳 서해, 남해, 동해 남부 바닷가
특징 부엌에 들어와 음식을 훔쳐 먹는다.

도둑게 뱀게, 심방킹이 *Sesarma haematocheir*

도둑게는 바닷가 가까이에 있는 냇가나 논밭이나 산기슭에 굴을 파고
산다. 부엌까지 들어와서 음식을 훔쳐 먹는다고 '도둑게' 라는 이름이
붙었다. 뱀처럼 굴을 파고 산다고 '뱀게' 라고도 한다. 도둑게는 여름에
짝짓기를 한다. 8~9월이면 암컷들이 무리 지어 바닷가로 나가 알에서
깨어나는 새끼들을 바닷물에 털어 넣는다. 새끼는 바다에서 살다가 자
라면 다시 뭍으로 올라온다. 겨울에는 굴속에서 겨울잠을 잔다.

절지동물 갑각류 물맞이게과
등딱지 10.5×7.5cm
먹이 조개, 갯지렁이, 물고기
사는 곳 동해 바닷속
잡는 때 겨울 ～봄
특징 온몸이 빨갛다.

홍게 배 쪽

홍게 붉은대게, 장수대게 *Chionoecetes japonicus*

홍게는 물이 차고 깊은 동해 바닷속 진흙이나 모랫바닥에 산다. 온몸이
붉고 대게와 닮아서 '붉은대게'라고도 한다. 대게보다 흔하다. 밤에 나
와서 조개나 갯지렁이, 작은 물고기를 잡아먹는다. 수컷 가운데 등딱지
폭이 17cm나 되는 큰 것도 있다. 암컷은 보통 8cm쯤 된다. 껍데기가 두
껍고 속살이 대게보다 적다. 11월부터 이듬해 봄까지가 제철이다. 쪄 먹
으면 맛이 짭조름하면서도 달고 담백하다.

절지동물 갑각류 물맞이게과
등딱지 10.5×9.5cm
먹이 조개, 새우, 오징어, 물고기
사는 곳 동해 바닷속
잡는 때 겨울~봄
특징 다리가 곧고 길다.

대게 배 쪽

대게 영덕게, 박달게 *Chionoecetes opilio*

대게는 홍게처럼 물이 차고 깊은 동해에서 산다. 물 깊이가 2,000m 가까이 되는 바닷속 진흙이나 모랫바닥에서도 산다. 다리가 대나무처럼 곧게 쭉 뻗었다고 이름이 '대게'다. 집게발이 억세서 조개껍데기도 부수어 먹는다. 겨울에는 얕은 바다로 나오고 여름에는 물이 차가운 깊은 바다로 들어간다. 겨울에 경북 영덕과 울진 앞바다에서 많이 잡는다. 푹 쪄 먹으면 달짝지근하면서 담백하다.

절지동물 갑각류 물맞이게과
등딱지 1.6×2.3cm
먹이 바닷말, 작은 동물
사는 곳 바닷말이 자라는 갯바위
특징 바닷말을 붙이고 다닌다.

뿔물맞이게 *Pugettia quadridens quadridens*

뿔물맞이게는 바닷가 조금 깊은 곳에서 산다. 물이 맑고 바닷말이 자라는 갯바위를 좋아한다. 얕은 바닷속 거머리말 숲에 숨어 살기도 한다. 제 몸을 지키려고 등에 파래 같은 바닷말을 붙이고 다녀서 제 모습을 보기 어렵다. 옆으로 걷지 않고 밤게처럼 앞으로 걷는다. 걸음이 느리다. 수컷이 암컷보다 크고 집게발도 크다. 여름에 알을 낳는다.

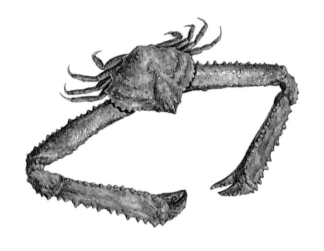

절지동물 갑각류 자게과
등딱지 5.9×4.5cm
사는 곳 서해, 남해, 제주 바닷속
특징 집게발이 몸통보다 훨씬 길다.

자게 마름게^북, 칙게 *Parthenope valida*

자게는 조금 깊은 물에서 산다. 썰물 때 자갈밭이나 바위에 가만히 나와 있기도 한다. 몸 빛깔이 바위나 돌과 닮아서 눈에 잘 안 띈다. 집게발한 쌍이 몸통보다 몇 배나 크고 길다. 나머지 걷는 다리 네 쌍은 아주 작고 짧다. 마름모꼴 등딱지 때문에 북녘에서는 '마름게'라고 한다. 자게는 사람이 먹지 않고 잡지도 않는다. 어부들이 쳐 둔 그물에 걸려 그물을 못 쓰게 헤집어 놓기도 한다.

전복 배 쪽

연체동물 복족류 전복과
크기 4×12cm
먹이 미역, 다시마
사는 곳 온 바닷속 갯바위
특징 껍데기에 숨구멍이 있다.

전복 생복, 비쭈게 *Nordotis discus*

전복은 맑은 바닷속 바닷말이 우거진 갯바위에 붙어산다. 미역이나 다시마 같은 바닷말을 갉아 먹는다. 옆구리에 물이 드드는 숨구멍이 열 개쯤 한 줄로 나 있다. 해녀가 물에 들어가서 딴다. 달라붙는 힘이 세서 맨손으로는 떼기 힘들고 꼬챙이 같은 도구를 쓴다. 전복은 맛이 좋고 영양가도 높다. 날로 먹거나 죽을 끓여 먹고 말려 먹기도 한다. 사람들이 많이 기른다.

배 쪽

연체동물 복족류 흰삿갓조개과
크기 2.6×0.7cm
먹이 바닷말, 바위 유기물
사는 곳 뭍에서 가까운 갯바위
특징 삿갓처럼 생겼다.

둥근배무래기 배말, 삿갓조개 *Notoacmea concinna*

둥근배무래기는 뭍에서 가까운 갯바위에 다닥다닥 붙어산다. 사는 곳에 따라 빛깔이 조금씩 다르다. 삿갓처럼 생겼다고 '삿갓조개', 껍데기에 푸른빛이 돈다고 제주도에서는 '청비말'이라고도 한다. 꼭지가 한쪽으로 치우친다. 움직일 때는 껍데기를 살짝 들어올리고 아주 천천히 움직인다. 둥근배무래기는 쓴맛이 나서 잘 안 먹는다. 갯마을에서는 바위에 딱 붙어사는 배무래기나 테두리고둥을 모두 '배말'이라고 한다.

연체동물 복족류 흰삿갓조개과
크기 3.5×1.1cm
먹이 바위 유기물
사는 곳 갯바위, 물웅덩이
특징 살을 발라 반찬을 만든다.

테두리고둥 벨, 고깔 *Patelloida saccharinalanx*

테두리고둥은 바닷가 바위나 돌에 딱 붙어산다. 물웅덩이나 물기가 있는 갯바위에 흔하다. 껍데기가 두껍고 단단하며 줄무늬가 6~8개쯤 튀어나와 있다. 바위에 딱 달라붙어서 떼어 내기 어렵다. 별처럼 생겨서 '벨', 고깔처럼 보인다고 '고깔'이라고도 한다. 아이들은 이마에 붙이고 논다. 갯마을에서는 테두리고둥을 호미로 떼어 낸 뒤 살을 발라 반찬으로 먹는다.

연체동물 복족류 밤고둥과
크기 2.3×2.6cm
먹이 바닷말
사는 곳 바닷가 바위틈, 자갈밭
특징 갯바위에 무리 지어 산다.

개울타리고둥 째보고동 *Monodonta labio confusa*

개울타리고둥은 뭍 가까운 갯바위 틈이나 큰 자갈 아래 무리 지어 산다. 껍데기가 벽돌을 쌓아 울타리를 친 것 같다고 이름에 '울타리'가 들어갔다. 물이 빠지면 돌 틈으로 들어가 꼼짝 안 한다. 물이 들어오면 기어 나와 이리저리 돌아다닌다. 삶아서 바늘로 살을 쏙 빼 먹는다. 살이 연해서 나오다가 잘 찢어진다. 경남 통영에서는 잘 찢어진다고 '째보고동', 부끄럼 타는 새색시처럼 바위틈에서 잘 안 나온다고 '각시고동' 이라고 한다.

보말고둥 껍데기에 따개비나
파래 따위가 붙어산다.

연체동물 복족류 밤고둥과
크기 2.6×2.5cm
먹이 파래 같은 바닷말
사는 곳 바닷가 바위, 돌, 물웅덩이
특징 맛이 좋아서 '참고둥'이라 한다.

보말고둥 배꼽발굽골뱅이^북 *Omphalius rusticus*

보말고둥은 바닷가 바위나 돌 아래 많다. 자갈밭이나 물웅덩이에도 흔하다. 황토색이나 잿빛 바탕에 보랏빛이 돌고 검은 점이 줄처럼 나 있다. 껍데기에 따개비, 석회관갯지렁이, 파래 같은 온갖 것이 달라붙어 살기도 한다. 빈 껍데기에는 집게가 들어가 산다. 삶아 먹으면 맛이 좋아서 '참고둥'이라고 한다. 경남 통영에서는 '또가리고둥', 제주도에서는 반질반질한 먹돌 아래 많다고 '먹보말'이라고 한다.

갯바닥을 기어 다니는
황해비단고둥

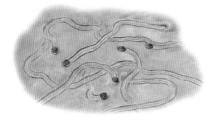

연체동물 복족류 밤고둥과
크기 1.5×0.8cm
먹이 갯바닥에 쌓인 찌꺼기
사는 곳 서해 모래갯벌
특징 서해에서만 난다.

황해비단고둥 비단골뱅이^북 *Umbonium thomasi*

황해비단고둥은 서해 모래갯벌에서 산다. '서해비단고둥'으로 더 많이
알려졌다. 물 빠진 모래 갯바닥에서 무리 지어 기어 다니는 것을 흔하게
볼 수 있다. 촉촉한 갯바닥을 기어 다닌 자국이 길고 어지럽게 난다. 제
몸을 지키려고 모래를 뒤집어쓰고 다니기도 한다. 아주 작고 납작하며
동그랗다. 껍데기는 윤이 나고 누런 바탕에 고운 물결무늬가 있다. 사는
곳에 따라 색이나 무늬가 다르다.

연체동물 복족류 소라과
크기 8×10cm
먹이 바닷말
사는 곳 제주, 남해, 동해
특징 껍데기에 뿔이 솟았다.

소라 뿔소라, 살고동 *Batillus cornutus*

소라는 남해와 제주도에서 많이 난다. 물이 맑은 바닷속 바위에 붙어산다. 어릴 때는 바닷가 바위 밑에 살다가 다 자라면 바닷말이 많은 깊은 바다 쪽으로 옮겨 간다. 클수록 깊은 바다에 산다. 밤에 나와서 바닷말을 갉아 먹는다. 껍데기에는 뾰족하고 큼직한 뿔들이 솟아 있다. 뚜껑은 석회질이고 가시처럼 우툴두툴한 돌기가 촘촘하게 나 있다. 삶으면 살이 쫄깃쫄깃하고 짭조름하면서 감칠맛이 난다.

물웅덩이에 무리 지어 있는 눈알고둥
껍데기가 푸른 이끼로 덮여 있다.

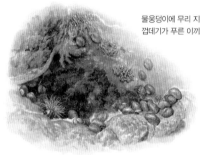

연체동물 복족류 소라과
크기 3×3cm
먹이 바닷말
사는 곳 갯바위, 물웅덩이
특징 뚜껑이 눈알처럼 생겼다.

눈알고둥 알골뱅이북 *Lunella coronata coreensis*

눈알고둥은 서해와 남해 갯바위에 흔하다. 물에 잠긴 자갈밭이나 물웅
덩이 바닥에도 많다. 뚜껑이 소라처럼 딱딱하고 바깥쪽으로 둥글게 부
풀어 있다. 이 모습이 마치 눈알이 튀어나온 것 같다고 '눈알고둥'이다.
눈이 먼 것처럼 보인다고 '눈머럭데기'라고도 한다. 껍데기에 푸른 이끼
가 붙어 있고, 따개비가 붙어살기도 한다. 삶아서 바늘로 속살을 쏙 빼
먹는다.

연체동물 복족류 갈고둥과
크기 2×2cm
먹이 바위 유기물, 바닷말
사는 곳 갯바위나 자갈밭
특징 뚜껑이 반달처럼 생겼다.

갈고둥 제비고동, 가마귀보말 *Heminerita japonica*

갈고둥은 바닷가 바위나 돌에 붙어산다. 까만 바탕에 밝은 색 얼룩무늬가 알록달록 나 있다. 제비처럼 예쁘다고 '제비고동', 제주도에서는 까맣다고 '가마귀보말'이라고 한다. 껍데기가 반들반들하고 뚜껑은 반달처럼 생겼다. 밤에 나와 바위에 붙어 있는 먹이를 먹으려고 열심히 기어다닌다. 바닷말도 갉아 먹는다. 봄에 갯바위에서 짝짓기 하는 모습을 쉽게 볼 수 있다. 삶아 먹으면 맛있는데 잘아서 잘 안 먹는다.

톳을 갉아 먹는 총알고둥

연체동물 복족류 총알고둥과
크기 1.2×1.6cm
먹이 바닷말
사는 곳 뭍에 가까운 갯바위
특징 꽁무니가 총알같이 뾰족하다.

총알고둥 수수골뱅이^북 *Littorina brevicula*

총알고둥은 뭍에서 가까운 바닷가 바위나 자갈밭에 산다. 물기가 없는 곳에서도 잘 견딘다. 갯바위에서도 물이 잘 안 닿는 위쪽에 붙어 있다. 몸 색깔이 바위 색과 비슷하고 자잘하다. 이름처럼 꽁무니가 총알같이 뾰족하다. 껍데기 겉에 튀어나온 돌기들이 줄무늬처럼 또렷하게 이어진다. 제주도에서는 '몸보말'이라고 하며 큰 것을 골라 삶아 먹는다.

갯고둥

갯비틀이고둥 *Cerithideopsilla djadjariensis*

댕가리 *B. cumingi*

비틀이고둥 *C. cingulata*

연체동물 복족류 갯고둥과
크기 1.2×3cm
먹이 바닷말, 개흙
사는 곳 갯바닥
특징 원뿔처럼 생겼다.

갯고둥 갯다슬기, 입삐틀이, 빼래이, 쪼루 *Batillaria multiformis*

갯고둥, 댕가리, 비틀이고둥, 갯비틀이고둥은 바닷가에 흔하다. 떼 지어 갯바닥에 모여 산다. 가늘고 긴 원뿔처럼 생겼다. 서로 워낙 닮아서 가려내기 어렵다. 같은 종이라도 사는 곳에 따라 빛깔이나 생김새가 다르다. 민물에서 사는 다슬기와 닮았다고 '갯다슬기', 주둥이가 비틀어졌다고 '입삐틀이'라고도 한다. 주워다 삶아서 꽁지를 잘라 내고 속을 빼 먹는다. 쫄깃쫄깃하고 짭조름하다.

큰구슬우렁이 알집
오뉴월 갯바닥에서 흔히 볼 수 있다.

연체동물 복족류 구슬우렁이과
크기 12×9cm
먹이 조개, 고둥
사는 곳 갯벌, 얕은 바닷속
특징 흔히 골뱅이라고 한다.

큰구슬우렁이 반들골뱅이^북 *Glossaulax didyma*

큰구슬우렁이는 진흙과 모래가 섞인 갯바닥에서 산다. 생김새가 둥글고 매끄럽다. 흔히 '골뱅이'라고 한다. 갯벌 속에 몸을 얕게 묻고 기어다닌다. 먹잇감을 만나면 물을 빨아들여 제 살을 한껏 부풀린 뒤 조개나 고둥을 완전히 감싼다. 그러고는 '혀이빨'로 껍데기에 작고 동그란 구멍을 뚫어 속살을 녹여 먹는다. 큰구슬우렁이는 모래를 빼내고 삶아 먹는다. 속에 모래가 많아서 잘 씻어야 한다.

갯우렁이가 잡아먹은 조개와 고둥
껍데기에 작고 동그란 구멍이 나 있다.

고운무늬송곳고둥　　　갯우렁이　　　동죽

연체동물 복족류 구슬우렁이과
크기 3×5cm
먹이 조개, 고둥
사는 곳 얕은 바닷속 진흙바닥
특징 논우렁이와 닮았다.

갯우렁이 개우렁, 우렁이, 골뱅이 *Lunatia fortunei*

갯우렁이는 바닷속 진흙 바닥에 산다. 민물에 사는 논우렁이와 닮았는
데 꼭지가 논우렁이보다 뾰족하다. 껍데기는 파란빛이 도는 옅은 잿빛
인데 꼭지만 까맣다. 큰구슬우렁이나 피뿔고둥처럼 조개나 다른 고둥
을 잡아먹는다. 넓고 큰 발을 부풀려 먹잇감을 덮어 싼 뒤 껍데기에 구
멍을 내 속살을 녹여 먹는다. 갯우렁이는 모래가 많이 들어 있어서 소
금물에 담가 모래를 빼내고 먹는다.

연체동물 복족류 뿔소라과
크기 12×15cm
먹이 조개, 고둥
사는 곳 서해, 남해 얕은 바다
잡는 때 봄
특징 몸집이 아주 크다.

피뿔고둥 소라, 참소라 *Rapana venosa*

피뿔고둥은 물 깊이가 10~20m쯤 되는 바닷속에서 산다. 고둥 가운데
몸집이 아주 크다. 조개나 다른 고둥을 잡아먹는다. 사람들은 피뿔고둥
을 흔히 소라라고 한다. 봄에 많이 나오는데 배를 타고 나가서 그물이나
통발로 잡는다. 살이 푸짐하다. 삶아서 얇게 썰어 먹고 장조림처럼 졸여
서 오래 두고 먹는다. 빈 껍데기는 주꾸미를 잡을 때 쓴다. 줄에 엮어 바
다에 던져 놓으면 주꾸미가 제집인 줄 알고 들어간다.

대수리가 갯바위에 무더기로
알을 슬어 놓았다.

연체동물 복족류 뿔소라과
크기 1.8×3cm
먹이 조개, 고둥, 따개비, 군부
사는 곳 갯바위
줍는 때 1년 내내
특징 커다란 갯바위를 떼로 뒤덮는다.

대수리 강달소라^북, 배아픈고동 *Reishia clavigera*

대수리는 바닷가 바위에 무리 지어 사는 흔한 고둥이다. 커다란 바위 전체를 온통 뒤덮을 때도 있다. 껍데기에 둥근 혹이 올록볼록 나 있다. 크기는 작지만 바위에 붙은 굴이나 지중해담치, 따개비 따위를 잡아먹는다. 늦봄에서 여름 사이 노랗고 빨간 알집을 갯바위 아래쪽에 무더기로 슬어 놓는다. 대수리는 삶아 먹는데 맛이 쌉싸름해서 '쓴고동', 맵다고 '매옹이', 배탈이 난다고 '배아픈고동'이라고도 한다.

연체동물 복족류 뿔소라과
크기 2.2×3.4cm
먹이 굴, 고둥, 홍합
사는 곳 갯바위
특징 어깨가 뿔처럼 솟았다.

어깨뿔고둥 큰굴골뱅이^북 *Ocinebrellus inornatum*

어깨뿔고둥은 갯바위에 붙어산다. 물이 늘 흐르는 바위틈이나 물웅덩이 구석에 많다. 껍데기 어깨가 뿔처럼 솟았다고 '어깨뿔고둥'이다. 굴이나 홍합 같은 조개와 다른 고둥 껍데기에 구멍을 뚫고 속살을 빨아 먹는다. 12월에서 3월 사이 무리 지어 알을 낳는다. 다른 고둥과 함께 주워 삶아 먹는데 속살이 잘 안 빠진다.

맵사리가 갯바위에
슬어 놓은 알

연체동물 복족류 뿔소라과
크기 2.5×5cm
먹이 조개, 고둥
사는 곳 갯바위
특징 맛이 맵고 쓰다.

맵사리 살골뱅이[북], 대사리 *Ceratostoma rorifluum*

맵사리는 바닷가 바위나 자갈 밑에 붙어산다. 남해나 서해 바닷가에 많
다. 맵고 쓴 맛 때문에 이름이 '맵사리'다. 대수리보다 조금 크고 껍데
기가 더 두껍고 단단하다. 대수리와 섞여 살기도 하지만 대수리만큼 흔
하지는 않다. 봄에 짝짓기 할 때는 수십에서 수백 마리가 무리를 지어
알을 슨다. 맵사리는 맵고 쓴 맛이 나서 잘 안 먹는다.

고운무늬송곳고둥 *Duplicaria koreana*
서해와 남해에 많다. 보리무륵이 사는
곳에 함께 살기도 한다.

연체동물 복족류 무륵과
크기 0.8×1.4cm
먹이 썩은 동물, 죽은 게나 물고기
사는 곳 갯바위, 얕은 바다
특징 아주 작다.

보리무륵 밀골뱅이^북 *Mitrella bicincta*

보리무륵은 바닷가 돌 틈, 물웅덩이나 바위가 많은 물속에 무리 지어
산다. 아주 조그만 고둥으로 길이가 1.5cm쯤 된다. 껍데기는 두껍고 매
끈하다. 누르스름한 밤색 바탕에 여러 무늬가 있다. 사는 곳에 따라 빛
깔과 무늬가 다르다. 껍데기 길이와 맞먹는 긴 발로 재빠르게 움직인다.
썩은 동물이나 죽은 게, 물고기 따위를 갉아 먹는다.

죽은 게를 먹고 있는 왕좁쌀무늬고둥

연체동물 복족류 좁쌀무늬고둥과
크기 1×1.8cm
먹이 죽은 게나 물고기나 조개
사는 곳 서해, 남해 갯벌
특징 죽은 동물에게 떼로 몰려든다.

왕좁쌀무늬고둥 멍석골뱅이^북 *Reticunassa festivus*

왕좁쌀무늬고둥은 서해와 남해 갯바닥에 사는 작은 고둥이다. 껍데기에 좁쌀 같은 혹이 오톨도톨 많이 나 있다. 모래와 뻘을 뒤집어쓴 채 물기가 있는 갯바닥을 꾸물꾸물 기어 다닌다. 작은 웅덩이에 무리 지어 모여 있기도 한다. 흩어져 있다가도 먹잇감이 생기면 우르르 떼로 몰려든다. 죽은 게나 물고기, 조개 따위를 말끔히 먹어 치운다.

연체동물 복족류 물레고둥과
크기 2.6×4.6cm
먹이 조개, 고둥, 죽은 게나 물고기
사는 곳 얕은 바닷속 갯바위
특징 껍데기에 갈색 띠무늬가 있다.

갈색띠매물고둥 서해바다골뱅이북 *Neptunea cumingi*

갈색띠매물고둥은 물 깊이가 10~50m쯤 되는 얕은 바다에서 산다. 서해, 남해, 동해에서 두루 난다. 껍데기에 갈색 띠가 있는데 사는 곳에 따라 빛깔과 생김새가 조금씩 다르다. 인천 소래 포구에서는 '뻐뿔이고둥', 북녘에서는 '서해바다골뱅이'라고 한다. 배를 타고 나가 통발에 생선 토막을 미끼로 넣어서 잡는다. 소금물에 담가 모래를 빼낸 뒤 삶아 먹는다.

연체동물 복족류 물레고둥과
크기 9×15cm
먹이 조개, 고둥, 죽은 게나 물고기
사는 곳 동해 바닷속
특징 전복 맛이 난다.

북방매물고둥 전복소라 *Neptunea polycostata*

북방매물고둥은 물 깊이가 50~200m쯤 되는 동해 찬 바닷속에서 산다.
강원도 속초나 대진 앞바다에서 많이 잡힌다. 길이가 15cm쯤 되는 큰
고둥이다. 껍데기는 밤색이고, 두껍고 단단하다. 뚜껑 밖으로 내민 발
생김새가 전복과 닮았다. 맛도 전복 맛이 난다고 속초에서는 '전복소
라'라고 한다. 싱싱할 때 썰어서 날로 많이 먹는다. 죽을 끓이면 전복죽
맛이 난다.

연체동물 복족류 물레고둥과
크기 9×18cm
먹이 조개, 고둥, 죽은 물고기
사는 곳 동해
특징 뚜껑이 껍데기 깊숙이 있다.

명주매물고둥 참골뱅이 *Neptunea constricta*

명주매물고둥은 동해 찬 바닷속 진흙 바닥에서 산다. 껍데기 길이가
15cm를 넘는 무척 큰 고둥이다. 얇은 뚜껑이 껍데기 안쪽으로 깊이 들
어가 있다. 명주매물고둥은 드물게 난다. 배를 타고 나가 통발에 생선 토
막을 미끼로 넣어 잡는다. 잠수부가 바다에 자맥질해 들어가서 하나하
나 줍기도 한다. 맛이 좋아서 '참골뱅이'라고도 한다. 날로 먹거나 삶아
먹는다. 껍데기가 얇아서 잘 깨진다.

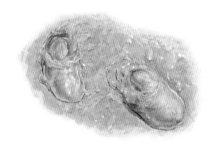

연체동물 복족류 민챙이과
크기 2×1.6cm
먹이 개흙
사는 곳 서해, 남해 갯벌
특징 껍질이 아주 얇고 물컹물컹하다.

민챙이 무릉개미[북], 보리밥탱이 *Bullacta exarata*

민챙이는 서해와 남해 갯벌에서 산다. 물이 얕게 고여 있는 갯바닥에 흔하다. 껍질이 무척 얇아서 만지면 미끄럽고 물컹하다. 천적에게 들키지 않으려고 개흙을 온몸에 뒤집어쓰고 갯바닥을 느릿느릿 기어 다닌다. 오뉴월에 알을 낳는다. 알은 동그랗고 물렁한 알주머니에 싸여 있다. 갯벌에 널려 있어서 흔히 볼 수 있다. 서해 갯마을에서는 민챙이를 '보리밥탱이'라 하고, 북녘에서는 '무릉개미'라고 한다.

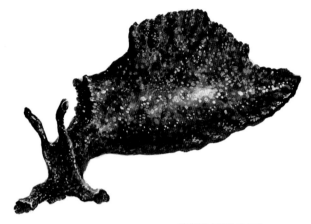

연체동물 복족류 군소과
몸길이 20~40cm
먹이 바닷말
사는 곳 동해, 남해 맑은 바닷속
특징 만지면 보라색 먹물을 뿜는다.

군소 바다토끼^북 *Aplysia kurodai*

군소는 맑은 바다에서 사는 고둥이다. 바닷말이 우거진 바닷속 갯바위를 좋아한다. 고둥이지만 단단한 껍데기가 없고 온몸이 물렁물렁하다. 헤엄을 못 치고 바다 밑을 기어 다닌다. 누가 건드리면 보랏빛 먹물을 내뿜는다. 머리 쪽에 뿔 더듬이가 두 쌍 있어서 달팽이처럼 보인다. 북녘에서는 토끼 귀 같다고 '바다토끼'라고 한다. 잡아서 먹물을 빼낸 뒤 날로먹거나 삶아서 먹는다. 쫄깃하고 쌉싸름하면서도 담백하다.

털 뭉치

털군부 배 쪽

털군부 *Acanthochitona defilippii*

석회관갯지렁이가 붙어산다.

군부

연두군부 *Ischnochiton comptus*

연체동물 다판류 군부과
몸길이 4~7cm
먹이 바닷말, 바위 유기물
사는 곳 갯바위
특징 번데기처럼 생겼다.

군부 딱지조개북, 신짝, 등꼬부리, 할뱅이 *Acanthopleura japonica*

군부는 바닷가 바위나 돌에 납작 붙어산다. 그늘진 바위틈에 많다. 움직임이 느리고 굼뜨다고 '굼보'였다가 '군부'로 이름이 바뀌었다. 군부는 등 쪽에 손톱 같은 딱딱한 판 여덟 장이 기왓장처럼 포개져 있다. 마치 번데기 같다. 바위에 딱 달라붙어서 떼어 내기가 아주 힘들다. 하지만 꼬챙이로 떼어 내서 삶은 뒤 속살을 빼 먹으면 맛있다. 털군부는 판둘레에 짧고 단단한 털 뭉치가 있다.

새꼬막 *Scapharca subcrenata*
골 사이가 좁고 가장자리에 털이 나 있다.
꼬막보다 맛이 떨어지고 제사상에도
못 오른다고 '똥꼬막' 이라고 한다.

연체동물 이매패류 꼬막조개과
크기 5×4cm
사는 곳 서해, 남해 뻘갯벌
나는 때 늦가을~봄
특징 껍데기에 골이 깊다.

꼬막 참꼬막, 제사꼬막 *Tegillarca granosa*

꼬막은 전라남도 보성만과 순천만처럼 뻘이 부드럽고 푹푹 빠지는 갯벌에서 많이 난다. 갯마을 사람들은 긴 널판으로 만든 뻘배를 밀고 다니면서 꼬막을 캔다. 흔히 새꼬막을 꼬막이라고 하는데 꼬막은 새꼬막보다 골이 넓고 돌기가 더 울퉁불퉁하다. 제사상에 올린다고 '제사꼬막' 이라고도 한다. 껍데기째 살짝 데쳐서 속살을 먹는다. 짭조름하면서 담백하다. 늦가을부터 봄까지 제철이다. 겨울에 나는 꼬막이 더 맛있다.

갈색고랑조개 *Megacardita ferruginosa*
피조개처럼 속살이 붉다.

연체동물 이매패류 꼬막조개과
크기 9×9cm
사는 곳 서해, 남해 바닷속
나는 때 늦가을 ~ 봄
특징 조갯살에 붉은 피가 돈다.

피조개 큰피조개[북], 털조개 *Scapharca broughtonii*

피조개는 물 깊이가 10~20m쯤 되는 바닷속 모래가 섞인 진흙 바닥에
산다. 조갯살을 발라 내면 빨간 피가 뚝뚝 떨어진다고 '피조개'다. 꼬막
이나 새꼬막보다 훨씬 크고 더 깊은 바닷속에 산다. 껍데기가 두껍고 단
단하다. 세로줄이 39~44줄쯤 있고 골이 가늘게 난다. 껍데기에 털이 많
아서 '털조개'라고도 한다. 맛이 좋아서 겨울에 싱싱한 피조개를 날로
먹는다. 삶아 먹어도 맛있다.

바위틈에 모여 사는 복털조개

연체동물 이매패류 꼬막조개과
크기 5×3cm
사는 곳 서해, 남해 바닷가 바위틈
나는 때 1년 내내
특징 바위틈에 꼭 끼어 있다.

복털조개 명주살조개^북, 단추 *Barbatia virescens*

복털조개는 서해와 남해 갯바위에서 무리 지어 붙어산다. 껍데기에 털이 나 있다. 구석진 틈에 꼭 끼어 있고 바위에 착 달라붙어서 따기 힘들다. 전라도 갯마을에서는 '단추'라고 하는데 꼬챙이나 따개로 따서 먹는다. 복털조개를 넣으면 국물 맛이 좋아서 국수나 떡국 국물 낼 때 쓴다. 그냥 삶아 먹기도 한다. 겨울에 따야 살이 통통하고 더 맛있다.

족사

연체동물 이매패류 홍합과
크기 5×15cm
사는 곳 갯바위, 방파제
나는 때 가을〜봄
특징 살이 붉다.

홍합 섭조개[북], 담치, 가마귀부리 *Mytilus coruscus*

홍합은 우리나라 토박이 조개다. 물 흐름이 세고 맑은 바다에서 산다.
조갯살이 붉다고 '홍합'이라는 이름이 붙었다. 몸에서 실같이 생긴 '족
사'를 내어 바위나 돌에 몸을 붙이고 산다. 껍데기에 따개비가 붙어살
거나 바닷말이 잘 달라붙는다. 홍합은 국을 끓이면 국물 맛이 시원하
다. 강원도에서는 홍합 살로 죽을 끓여 먹고 울릉도에서는 살을 잘게 썰
어 넣어 홍합밥을 짓는다. 살이 단단해서 젓갈도 담근다.

족사 ────

왜홍합 *Xenostrobus atrata*
까맣고 잘고 북녘에서는
'검은잔섭조개'라고 한다.

연체동물 이매패류 홍합과
크기 4×7cm
사는 곳 갯바위, 방파제, 그물
나는 때 가을 ~ 봄
특징 홍합과 닮았고 흔하다.

지중해담치 홍합, 진주담치 *Mytilus galloprovincialis*

지중해담치는 갯바위에 무리 지어 다글다글 붙어산다. 바닷가 방파제
나 그물에도 많이 달라붙는다. 이름처럼 지중해가 고향이다. 다른 환경
에 금세 맞추어 살고, 기르기도 쉬워서 일부러 들여와 많이 기른다. 홍
합과 닮았지만 껍데기가 더 얇고 매끈하며 윤이 난다. 크기도 더 작다.
국을 끓이면 국물 맛이 시원하다. 무척 흔해서 우리가 홍합으로 알고 먹
는 것은 거의 지중해담치다.

연체동물 이매패류 키조개과
크기 15×22cm
사는 곳 서해, 남해 바닷속
나는 때 늦봄～여름
특징 우리나라 조개 가운데 가장 크다.

키조개 도끼조개, 가래조개 *Atrina pectinata*

키조개는 물 깊이가 5~20m쯤 되는 바닷속 진흙 바닥에 산다. 우리나라
에서 나는 조개 가운데 가장 크다. 곡식을 까부르는 농기구인 '키'를 닮
았다고 '키조개'다. 껍데기는 얇아서 물기만 마르면 금이 가거나 잘 깨
진다. 껍데기 겉에 돌기가 오톨도톨 나 있다. 돌기는 해마다 몸집이 커지
면서 생긴다. 싱싱할 때 날로 먹고 양념을 얹어 구워 먹기도 한다. 충남
서산 앞바다에서 많이 난다.

연체동물 이매패류 가리비과
크기 5.2×5.7cm
사는 곳 서해, 남해, 동해 바닷속
나는 때 겨울~봄
특징 부채를 펼친 것처럼 생겼다.

비단가리비 살가지^북 *Chlamys farreri*

비단가리비는 물 깊이가 10m쯤 되는 깨끗한 바닷속에 산다. 우리나라 가리비 가운데 가장 흔하다. 태어나면서부터 몸에서 실 같은 족사를 내어 거의 평생 동안 한곳에 붙어산다. 바위나 자갈이 깔린 곳에 많다. 부채를 펼친 것처럼 생겼는데 빛깔은 고운 붉은색부터 자주색, 흰색, 짙은 밤색까지 사는 곳에 따라 다르다. 껍데기 겉에 세로줄이 많이 나 있다. 싱싱할 때 날로 먹고 구워 먹거나 국에 넣어 먹는다.

연체동물 이매패류 가리비과
크기 12×12cm
사는 곳 동해 바닷속
나는 때 겨울∼봄
특징 껍데기를 여닫으며 뛸 수 있다.

큰가리비 참가리비, 밥죽 *Patinopecten yessoensis*

큰가리비는 동해에서만 난다. 바닷속 맑고 깨끗한 모랫바닥을 좋아한
다. 가리비 가운데 큰 편이다. 폭이 20cm나 되는 것도 있다. 어릴 때는
바위에 붙어살고 자라면 떨어져 나와 모랫바닥에서 산다. 위험을 느끼
면 조가비를 재빨리 열었다 닫으며 멀리 달아난다. 강원도에서는 큼직
한 조가비를 밥주걱으로 썼다고 '밥죽'이라고 한다. 맛이 좋아서 구워
먹거나 쪄 먹고 날로도 먹는다.

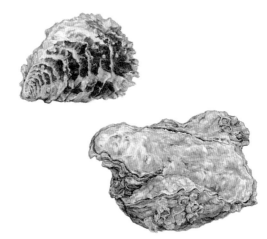

바위에 납작하게 붙어 있는 굴

연체동물 이매패류 굴과
크기 10×5cm
사는 곳 서해, 남해, 동해 갯바위
나는 때 늦가을~봄
특징 속살이 물컹물컹하다.

굴 참굴북, 석화 *Crassostrea gigas*

굴은 바닷가 바위나 돌에 한쪽 조가비를 단단히 붙이고 평생 산다. 껍데기는 우툴두툴한데 종이를 겹겹이 발라 놓은 것 같다. 영양분이 많고 맛이 좋아서 '굴동이', 바위에 붙은 모양이 꽃 같다고 '석화'라고도 한다. 늦가을부터 살이 올라 겨울이 제철이다. 꼬챙이로 톡톡 쳐 껍데기를 까고 속살을 딴다. 싱싱할 때 날로 먹고 국을 끓여 먹거나 껍데기째 구워 먹는다. 알 낳는 늦봄부터 여름 사이에는 독이 있어서 안 먹는다.

연체동물 이매패류 굴과
크기 15×15cm
사는 곳 동해, 서해, 남해 바닷속
특징 굴 가운데 가장 크다.

토굴 퍽굴^북, 대굴 *Ostrea denselamellosa*

토굴은 굴 가운데 가장 크다. 얕은 바닷속 바위나 돌에 붙어산다. 다 자
라면 떨어져 나와 갯바닥을 이리저리 굴러다니기도 한다. 껍데기가 두
껍고 단단하며 둥글둥글하게 생겼다. 소나무 껍질 같은 얇은 껍데기가
겹겹이 붙어 있다. 큼직한 껍데기에 따개비나 미더덕 따위가 붙어살기
도 한다. 토굴은 껍데기째 구워 먹거나 속살을 까서 국에 넣어 먹는다.

연체동물 이매패류 밤색무늬조개과

크기 4.5×4.3cm
사는 곳 동해, 남해 얕은 바다
특징 가장자리가 까맣다.

북방밤색무늬조개 홍조개 *Glycymeris yessoensis*

북방밤색무늬조개는 동해와 남해 바닷속 모래밭에서 산다. 조가비가
둥글고 납작한데 꽤 두껍고 단단하다. 밤빛이나 붉은빛이 돌아서 '홍조
개'라고도 한다. 사는 곳에 따라 저마다 빛깔이 다른데 껍데기 가장자
리는 까맣다. 북방밤색무늬조개는 흔하지 않다. 껍데기째 구워 먹거나
국을 끓여 먹는다.

연체동물 이매패류 백합과
크기 5×3.5cm
사는 곳 서해, 남해 갯벌
나는 때 가을~봄
특징 아주 흔하고 많이 먹는다.

바지락 바스레기^북 *Tapes philippinarum*

'조개 하면 바지락'이라고 할 만큼 바지락은 흔하게 먹는 조개다. 서해 갯벌에서 나는데 민물이 흘러들고 자갈이 섞인 곳에 많다. 껍데기는 거칠거칠하고, 빛깔과 무늬가 저마다 다르다. 맛이 좋고 기르기 쉬워 양식도 많이 한다. 갯벌에 얕게 묻혀 있어서 호미로 득득 긁어 캔다. 소금물에 담가 모래나 개흙을 빼내고 먹는다. 씻을 때 달그락달그락 소리가 난다. 맑은 조갯국을 끓이고 젓갈도 담근다.

연체동물 이매패류 백합과
크기 10×7.5cm
사는 곳 바닷속 진흙 바닥
나는 때 1년 내내
특징 조갯살이 푸짐하다.

개조개 물조개, 대합 *Saxidomus purpurata*

개조개는 우리나라 온 바다에 산다. 갯가부터 물 깊이가 40m쯤 되는 진흙 바닥에 산다. 남해 맑은 바다에 많다. 몸집이 커서 어른 주먹만 하다. 껍데기가 거칠거칠하고 성장선이 뚜렷하다. 몸빛은 까만색부터 옅은 잿빛이나 밤색까지 사는 곳에 따라 조금씩 다르다. 개조개는 배를 타고 나가서 그물로 잡는다. 조갯살이 푸짐해서 국에 한두 개만 넣어도 국물 맛이 시원하다. 양념을 얹어 구워 먹어도 맛있다.

말백합 *Meretrix petechialis*

연체동물 이매패류 백합과
크기 8.5×6.5cm
사는 곳 서해, 남해 갯벌
나는 때 가을∼봄
특징 조개 가운데 으뜸으로 친다.

백합 대합[북], 생합, 상합, 쌍합 *Meretrix lusoria*

백합은 서해 갯벌에서 많이 난다. 민물이 흘러들고 뻘과 모래가 섞인 곳을 좋아한다. 백이면 백 빛깔과 무늬가 다 다르다고 이름이 '백합'이다. 껍데기가 두껍고 단단하며 매끈하다. 구워 먹거나 국에 넣어 먹고 죽을 끓여 먹는다. 싱싱할 때는 날로 먹는다. 조개 가운데 으뜸이라고 '상합'이라고도 한다. 전북 부안에서는 '그랭이'나 '그레'라는 도구로 갯벌을 훑어서 백합을 캔다.

연체동물 이매패류 백합과

크기 5×3.5cm
사는 곳 동해 얕은 바다
특징 껍데기에 세로로 굵은 선이 석 줄 있다.

민들조개 째복, 비단조개 *Gomphina melanaegis*

민들조개는 얕은 바다 모랫바닥에서 산다. 동해 바닷가에 흔하다. 해수
욕장에서 물놀이를 하다 보면 발에 밟히기도 한다. 껍데기가 납작하며
두껍고 매끈하다. 무늬는 다 다른데 세로로 굵은 선이 석 줄씩 나 있다.
민들조개는 국에 넣어 먹는다. 민들조개만으로 맑은 조갯국을 끓여 먹
는다. 속살을 까서 날로 먹기도 하고 젓갈을 담근다. 하루쯤 바닷물이
나 소금물에 담가 두면 모래를 다 뱉어 낸다.

여러 가지 가무락조개

뻘 속에 얕게 들어가 사는 가무락조개

연체동물 이매패류 백합과
크기 5×5cm
사는 곳 서해, 남해 뻘갯벌
나는 때 1년 내내
특징 흔히 모시조개라고 한다.

가무락조개 가무레기^북, 모시조개 *Cyclina sinensis*

가무락조개는 모래가 조금 섞인 고운 뻘갯벌에 산다. 껍데기가 까맣다고 이런 이름이 붙었다. 허옇거나 잿빛, 밝은 밤색도 있다. 까맣고 테두리에 자줏빛이 도는 것을 더 좋은 것으로 친다. 흔히 '모시조개'라고 한다. 껍데기는 둥글고 볼록하다. 꼭지가 한쪽으로 조금 꼬부라진다. 갯바닥으로 얕게 파고 들어가서 살기 때문에 호미나 갈고리로 쉽게 캔다. 맑은 조갯국을 끓이면 시원하고 짭조름하면서도 담백하다.

연체동물 이매패류 백합과

크기 8×6.5cm
사는 곳 서해, 남해 모래갯벌
나는 때 겨울 ~ 봄
특징 희고 둥글고 큼직하다.

떡조개 마당조개^북, 흰조개 *Dosinorbis japonicus*

떡조개는 모래가 많은 갯벌에 산다. 서해 갯벌에서 많이 난다. 하얗고 둥글며 큼직한 것이 꼭 보름달 같다. 허옇다고 '흰조개'라고도 한다. 별 무늬 없이 성장선만 또렷하게 나타나며 꼭지는 한쪽으로 조금 치우친다. 껍데기는 아주 납작한데 무척 두껍고 단단해서 잘 깨지지 않는다. 갯마을 아이들은 이 껍데기로 바닷가에서 물수제비를 뜨며 논다. 구워 먹거나 삶아 먹고 국에도 넣어 먹는다.

연체동물 이매패류 백합과
크기 5×4.2cm
사는 곳 동해, 서해, 남해 얕은 바다
나는 때 가을 ~ 봄
특징 껍데기에 세로로 골이 난다.

살조개 큰바스레기^북, 쌀댕이 *Protothaca jedoensis*

살조개는 모래와 자갈이 섞인 갯벌에서 산다. 서해, 남해, 동해에서 다
나지만 흔하지는 않다. 조금 깊은 데서 나기 때문에 물이 많이 빠지는
겨울에 잘 잡힌다. 조가비가 두껍고 볼록하고 거칠며 세로로 골이 많이
난다. 가로로 난 성장선도 뚜렷하다. 색깔은 밝은 살구색이고, 바지락보
다 꽤 크다. 살조개 속에는 모래가 없어 바로 먹을 수 있다. 구워 먹거나
국에 넣어 먹는다.

연체동물 이매패류 백합과
크기 6×5cm
사는 곳 서해, 남해 바닷속
특징 대합이라고 한다.

아담스백합 대합 *Callithaca adamsi*

아담스백합은 서해와 남해에서 난다. 물 깊이가 20m쯤 되는 고운 모랫
바닥에 산다. 껍데기가 조금 볼록하고 크다. 또 두껍고 단단하며 거칠
다. 꼭지가 한쪽으로 조금 치우친다. 색깔은 밤색이 많은데 사는 곳에
따라 조금씩 다르다. 아담스백합은 흔하지 않다. 구워 먹거나 국에 넣어
먹는데 맛이 담백하다. 시장에서는 크다고 그냥 '대합'이라고 한다.

속살이게
새조개 안에 들어가 산다.

연체동물 이매패류 새조개과
크기 9×9cm
사는 곳 서해, 남해 바닷속
나는 때 겨울 ~ 이른 봄
특징 발이 새 부리 같다.

새조개 갈매기조개, 오리조개 *Fulvia mutica*

새조개는 물 깊이가 10m쯤 되는 얕은 바닷속에서 산다. 서해와 남해에
서 난다. 조가비 밖으로 발을 쭉 내미는데 마치 새 부리 같아서 '새조
개'다. 껍데기에 털이 나고 세로로 가는 골이 45개 넘게 팬다. 겉도 붉고
껍데기 안도 붉다. 껍데기가 얇아서 잘 부서진다. 배를 타고 나가서 조개
그물로 잡는다. 겨울에서 이른 봄 사이에만 나온다. 날로 먹거나 국을
끓여 먹고 구워 먹는다. 살이 많고 쫄깃쫄깃하다.

여러 가지 동죽

연체동물 이매패류 개량조개과
크기 4.5×3cm
사는 곳 서해, 남해 모래갯벌
나는 때 1년 내내
특징 아주 흔하다.

동죽 동조개^북, 불통 *Mactra veneriformis*

동죽은 서해와 남해 모래갯벌에 산다. 사는 곳에 따라 누르스름하거나 잿빛, 어두운 감청색이 돈다. 가무락조개와 닮았는데 겉이 거칠고 크기가 더 작다. 갯벌에 얕게 묻혀 있어서 쉽게 캔다. 한 해에 두 번 알을 스는데 그 모습이 꼭 국수 가락이 쏟아져 나오는 것 같다. 동죽은 속에 모래가 많이 들어 있다. 소금물에 담가 모래를 빼내고 먹는다. 맑은 조갯국을 끓이거나 살짝 데쳐서 조갯살을 무쳐 먹기도 한다.

연체동물 이매패류 개량조개과
크기 6.5×4.5cm
사는 곳 서해, 남해 바닷속 모래밭
나는 때 1년 내내
특징 한번 날 때 아주 많이 난다.

개량조개 해방조개, 노랑조개 *Mactra chinensis*

개량조개는 물 깊이가 10m쯤 되는 바다에서 산다. 서해와 남해에서 많이 나고 동해 남쪽 바다에도 있다. 조개 가운데 무척 빨리 큰다. 개량조개는 해마다 많이 나지는 않지만 한번 날 때 아주 많이 난다. 전북 부안에서는 해방되던 해에 많이 났다고 '해방조개'라고 한다. 조가비가 누레서 '노랑조개'라고도 한다. 모래를 빼낸 뒤 살짝 데쳐서 조갯살을 무쳐 먹고 국물을 낸다.

연체동물 이매패류 개량조개과
크기 9.5×7.5cm
사는 곳 동해 바닷속
나는 때 겨울
특징 동해 찬 바다에 산다.

북방대합 운피 *Pseudocardium sachalinensis*

북방대합은 동해에서 난다. 물 깊이가 10~30m쯤 되는 모랫바닥에서 산다. 겨울이 제철로 살이 많고 부드럽다. 닭고기 맛이 난다. 삶아 먹거나 구워 먹고, 데쳐서 무쳐 먹는다. 발 쪽은 얇게 포를 떠서 초밥을 만든다. 조갯살을 말려 두었다가 오래 두고 먹기도 한다. 동해 갯마을에서는 오래전부터 아기를 낳은 엄마가 많이 먹었다. 강원도 속초, 주문진, 대진 앞바다에서 많이 난다.

따개비 수관

연체동물 이매패류 개량조개과
크기 14×9cm
사는 곳 남해 바닷속
나는 때 겨울 ~ 봄
특징 발이 늘 밖으로 나와 있다.

왕우럭조개 껄구지, 말조개 *Tresus keenae*

왕우럭조개는 남해에서 난다. 물 깊이가 20m쯤 되는 바닷속 진흙 바닥
에서 산다. 갯바닥 속으로 30~50cm쯤 파고들어 간다. 조가비 밖으로 늘
발이 나와 있다. 이 발로 바닷물을 빨아들이고 내보낸다. 거무튀튀한
껍질로 싸여 있고, 이 껍질이 조가비를 살짝 덮는다. 이름처럼 아주 큰
조개로 사람들이 물속에 들어가서 잡는다. 살이 많고 비린내가 안 나며
감칠맛이 오래 남는다. 날로 많이 먹고 초밥도 만든다.

연체동물 이매패류 작두콩가리맛조개과

크기 10×3cm
사는 곳 서해, 남해 뻘갯벌
나는 때 가을 ~ 봄
특징 굴을 깊이 파고 산다.

가리맛조개 맛복, 참맛 *Sinonovacula constricta*

가리맛조개는 민물이 흘러드는 갯고랑이나 뻘갯벌에 무리 지어 산다. 서해와 남해에서 많이 난다. 다른 조개와 달리 조가비가 네모나다. 겉이 주름져 있는데 얇아서 잘 깨진다. 갯바닥에 굴을 파고 산다. 굴은 뻘속으로 곧게 뻗고, 20~60cm나 될 만큼 깊다. 그래서 캘 때 힘이 많이 든다. 살이 쫄깃쫄깃하고 맛이 좋다. 소금물에 담가 모래나 뻘을 빼내고 먹는다. 구워 먹거나 삶아 먹고 국에도 넣는다.

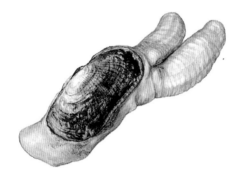

연체동물 이매패류 발가리맛조개과
크기 8×3.5cm
사는 곳 서해, 남해 모래갯벌
나는 때 늦가을 ~ 이른 봄
특징 살이 푸짐하다.

돼지가리맛 돼지솟꼴랭이 *Solecurtus divaricatus*

돼지가리맛은 서해와 남해 고운 모래갯벌에 산다. 굴을 깊이 파고 들어가 살기 때문에 쇠스랑처럼 생긴 삽으로 잽싸게 힘껏 파야 잡을 수 있다. 한창 날 때는 갯바닥에 돼지가리맛 구멍이 수두룩하다. 구멍이 두 개인데 하나는 크고 하나는 작다. 늦가을부터 봄 사이가 제철이다. 살이 푸짐하고 맛도 좋다. 삶아 먹거나 구워 먹는데 갯마을 사람들은 '쇠고기보다 맛있다'고 한다.

맛조개 구멍

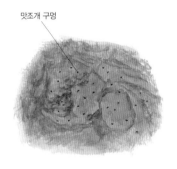

연체동물 이매패류 죽합과
크기 10×1.5cm
사는 곳 서해, 남해, 동해 모래갯벌
나는 때 1년 내내
특징 맛조개 가운데 가장 흔하다.

맛조개 바늘통토어^북, 맛 *Solen corneus*

맛조개는 서해와 남해 모래갯벌에서 흔하게 난다. 조가비는 가늘고 긴 네모꼴로 대나무처럼 생겼다. 조가비가 얇아서 잘 부서진다. 갯바닥 속으로 굴을 30cm쯤 곧게 파고 들어가서 산다. 갯벌 모래를 삽으로 살짝 걷어 내면 맛조개 구멍이 뿅뿅 뚫려 있다. 구멍에 소금을 집어넣으면 맛조개가 구멍 밖으로 몸을 쑥 내민다. 이때 재빨리 낚아챈다. 삶거나 구워 먹는다.

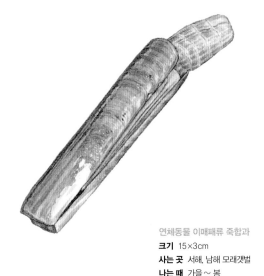

연체동물 이매패류 죽합과
크기 15×3cm
사는 곳 서해, 남해 모래갯벌
나는 때 가을~봄
특징 맛조개 가운데 가장 크다.

대맛조개 토어^북, 개맛 *Solen grandis*

대맛조개는 서해와 남해 모래갯벌에서 난다. 조가비가 대나무처럼 생겼다. 맛조개 가운데 가장 크고 껍데기도 두껍다. 20cm 넘게 굴을 파고 들어가서 수관을 길게 내고 바닷물을 빨아들여 먹이를 걸러 먹는다. 추운 겨울이 제철이다. 모랫바닥을 쿵쿵 울리며 걸으면 대맛조개 구멍이 드러난다. 이때 긴 꼬챙이처럼 생긴 '써개'를 푹 찔러 넣어 잡는다. 살이 푸짐해서 몇 개만 넣고 끓여도 국물 맛이 진하게 우러난다.

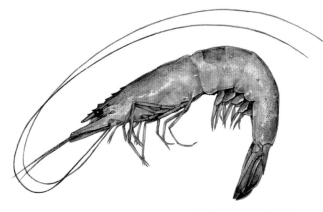

절지동물 갑각류 보리새우과
몸길이 15~20cm
먹이 어린 새우, 갯지렁이, 곤쟁이류
사는 곳 서해, 남해
잡는 때 봄, 가을
특징 흔히 왕새우라고 한다.

대하 왕새우, 홍대 *Penaeus orientalis*

대하는 서해에서 많이 난다. 새우 가운데 몸집이 커서 흔히 '왕새우' 라
고 한다. 수염 한 쌍이 몸길이보다 훨씬 길다. 새우는 몸이 머리, 가슴,
배로 나뉜다. 머리와 가슴이 이어져 있는 머리가슴에는 수염이 두 쌍,
걷는 다리가 다섯 쌍 있다. 배에는 헤엄치는 다리가 다섯 쌍 있다. 배를
타고 나가 그물로 잡는다. 살이 많고 맛이 담백해서 사람들이 즐겨 먹는
다. 구워 먹거나 튀겨 먹는데 익으면 껍질이 빨개진다.

마루자주새우 *Cragon hakodatei*
얕은 바다 모랫바닥에 잘 숨는다.
환경에 따라 몸 색깔을 바꾼다.

절지동물 갑각류 젓새우과
몸길이 4cm쯤
먹이 바닷물 속 플랑크톤
사는 곳 서해, 남해
잡는 때 봄, 가을
특징 새우젓을 담근다.

젓새우 새오, 쌔비 *Acetes japonicus*

젓새우는 서해에서 많이 난다. 젓갈을 담근다고 젓새우다. 늦가을에 무리를 지어 먼바다로 나가서 겨울을 난 뒤 봄에 다시 얕은 바다로 돌아온다. 이때 배를 타고 나가서 그물로 잡는다. 봄가을에 많이 잡는다. 봄에 잡은 새우로 '봄젓'을 담그고, 가을에 잡은 새우로 '추젓'을 담근다. '육젓'은 음력 6월에 잡힌 새우로 담근 젓갈인데 담백하고 비린내가 안나서 으뜸으로 친다.

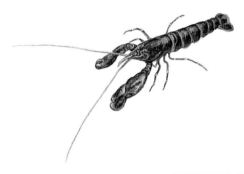

절지동물 갑각류 딱총새우과

몸길이 4cm

먹이 개흙 속 영양분, 작은 동물

사는 곳 서해, 남해 갯벌

특징 집게발로 '딱딱' 소리를 낸다.

딱총새우 쏙 *Alpheus brevicristatus*

딱총새우는 바닷속 모래 진흙 바닥에 굴을 파고 산다. 굴을 여러 갈래로 내고 암수 한 쌍이 함께 들어가 살기도 한다. 건드리면 큰 집게발로 딱총처럼 '딱딱' 소리를 낸다고 '딱총새우'다. 저희들끼리 신호를 보내거나 자기 땅임을 알릴 때 소리를 낸다. 두 집게발은 크기가 다르고 솜털로 덮여 있다. 꼬리 끝은 부채처럼 생겼다. 딱총새우는 새우와 함께 그물에 잘 걸린다. 국에 넣으면 국물 맛이 시원해진다. 낚시 미끼로도 쓴다.

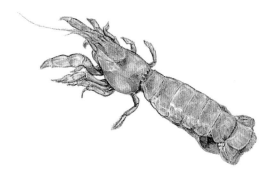

절지동물 갑각류 쏙과
몸길이 7cm
먹이 바닷물 속 영양분, 플랑크톤
사는 곳 서해, 남해 갯벌
잡는 때 3~4월
특징 굴을 깊이 파고 산다.

쏙 설게, 뻥설게 *Upogebia major*

쏙은 서해와 남해 갯벌에 산다. 갯가재를 꼭 닮았다. 두 집게발은 크기
가 같은데 별로 안 크다. 모래가 섞인 갯벌에 30~100cm 깊이로 굴을 깊
게 파고 산다. 호미나 삽으로 뻘을 5~10cm쯤 걷어 내면 쏙 구멍이 수십
개씩 뿅뿅 뚫려 있다. 이 구멍에 나무 막대기를 넣고 힘껏 쑤시면 맞은
편 구멍으로 물이 밀려 나오면서 쏙도 따라 나온다. 3~4월에 나는 것이
여물고 맛이 좋다. 국을 끓여 먹거나 게장을 담근다.

절지동물 갑각류 쏙붙이과

몸길이 4cm
먹이 모래나 바닷물 속 플랑크톤
사는 곳 서해, 남해 모래갯벌
특징 쏙과 닮았다.

쏙붙이 *Callianassa japonica*

쏙붙이는 서해와 남해 모래갯벌에서 산다. 갯벌에 30~50cm 깊이로 굴을 파고 들어간다. 쏙과 닮았는데 몸집이 훨씬 작고 껍데기가 물렁물렁하다. 한쪽 집게발이 더 크다. 꼬리는 부채를 펼친 것 같고 튼튼하다. 낮에는 구멍 밖으로 안 나온다. 또 물이 빠지면 구멍 속으로 들어가 여간해서는 보기 힘들다. 바닷물이 들어오면 구멍 밖으로 나와 먹이를 찾으러 돌아다닌다.

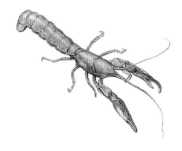

절지동물 갑각류 가재붙이과
몸길이 4cm
먹이 개흙 속 영양분
사는 곳 서해, 남해 뻘갯벌
특징 딱총새우와 닮았다.

가재붙이 *Laomedia astacina*

가재붙이는 서해와 남해 뻘갯벌에 굴을 파고 산다. 구멍 밖으로 흙을 밀어 올려 구멍 둘레에 쌓이기도 한다. 염전이나 새우 양식장 바닥에 굴을 파기도 한다. 몸 빛깔이 밤색이고 짧은 털이 온몸을 덮는다. 더듬이가 길고, 두 집게발은 크기가 같고 튼튼하다. 이름과 달리 갯가재보다는 딱총새우나 쏙붙이와 닮았다. 낮에도 구멍 밖에 나와 돌아다닌다.

절지동물 갑각류 게붙이과
몸길이 1cm
먹이 바닷물 속 영양분, 플랑크톤
사는 곳 서해 남부, 남해, 제주도 바닷가
특징 집게발이 몸통보다 훨씬 크다.

갯가게붙이 *Petrolisthes japonicus*

갯가게붙이는 게처럼 생겼다. 서해 남부와 남해, 제주도 바닷가 바위틈
이나 돌 밑에 산다. 돌을 들추면 놀라서 다른 곳으로 후다닥 숨는다. 친
적에게 잡히면 집게발을 떼고 달아난다. 늘 숨어 지내고 밤이나 낮이나
잘 안 움직인다. 작은 등딱지는 털이 없이 매끈하다. 집게발이 몸통보다
훨씬 크고 한쪽이 더 크다. 갯가게붙이는 게가 아니고, 새우에서 게로
넘어가는 중간 단계에 있는 동물이다.

절지동물 갑각류 갯가재과
몸길이 10~15cm
먹이 새우, 게, 갯지렁이, 작은 물고기
사는 곳 서해, 남해 얕은 바닷속
잡는 때 오뉴월
특징 헤엄을 잘 친다.

갯가재 가재 *Oratosquilla oratoria*

갯가재는 얕은 바다에서 산다. 더듬이가 두 개 있고 몸 가장자리에 가시
가 많이 나 있다. 꼬리 쪽 색깔이 알록달록하다. 머리 쪽에 붙어 있는 집
게발이 무척 날카로워서 한번 잡은 먹이는 놓치지 않는다. 성질이 사나
워서 건드리면 머리를 치켜들고 맞서 싸우려 든다. 갯가에 쳐 둔 그물에
잘 걸리는데 오뉴월이 제철이다. 삶아 먹거나 구워 먹고 국에도 넣는다.
새우 맛이 난다.

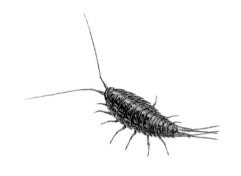

절지동물 갑각류 갯강구과
몸길이 4cm
먹이 죽은 동물, 음식물 찌꺼기
사는 곳 물이 잘 안 드는 갯바위
특징 바퀴벌레와 닮았다.

갯강구 바위살렝이, 밥줄이 *Ligia exotica*

갯강구는 갯바위에 무리 지어 산다. 바퀴벌레와 꼭 닮았다. 긴 더듬이
가 두 개 있고 등딱지는 윤이 난다. 물이 안 닿는 바닷가 갯바위에서 아
주 잽싸게 돌아다닌다. 죽은 동물이나 음식 찌꺼기, 바닷가로 밀려온 바
닷말 따위를 닥치는 대로 먹어 치우며 바닷가 청소부 노릇을 한다. 바위
위를 바쁘게 돌아다닌다고 '바위살렝이', 제주도에서는 '밥줄이'라고
도 한다.

새끼가 자라고
있다.

절지동물 갑각류 거북손과
몸길이 5cm쯤
먹이 바닷물 속 플랑크톤
사는 곳 갯바위 틈새
특징 산봉우리처럼 생겼다.

거북손 자라손이[북], 오봉호 *Pollicipes mitella*

거북손은 생김새나 빛깔이 마치 거북 손을 닮았다고 이런 이름이 붙었
다. 남해와 제주 바닷가에서 많이 산다. 물이 맑고 파도가 들이치는 갯
바위 틈새에 무리 지어 다닥다닥 붙어 있다. 얼핏 보면 따개비와 닮았
다. 물이 들어오면 갈퀴 같은 발을 내밀어서 플랑크톤을 걸러 먹는다.
갯마을에서는 껍질을 벗기고 속살을 먹는데 달고 담백하다. 날로 먹기
도 하고 국을 끓여 먹는다.

빨강따개비 *Megabalanus rosa*

고랑따개비 *Balanus albicostatus*

절지동물 갑각류 따개비과
밑동 지름 1~2cm
먹이 바닷물 속 영양분, 플랑크톤
사는 곳 갯바위, 말뚝, 배 밑창
특징 딱딱한 것에 착 붙어산다.

따개비 꾸적, 쩍, 굴등

따개비는 바닷가 갯바위에 딱 붙어산다. 바위나 돌은 물론 말뚝이나 조
개껍데기, 배 밑창에도 잘 달라붙는다. 어릴 때는 물에 둥둥 떠다닌다.
그러다가 알맞은 곳에 붙으면 단단한 껍데기를 만들고 한평생 산다. 바
닷물이 빠졌을 때는 뚜껑을 꼭 닫고, 물이 들어오면 뚜껑을 열고 갈퀴
같은 발을 내밀어 물에 떠다니는 플랑크톤을 걸러 먹는다. 고랑따개비
는 민물이 흘러드는 곳에 더 많고, 빨강따개비는 더 깊은 물에 산다.

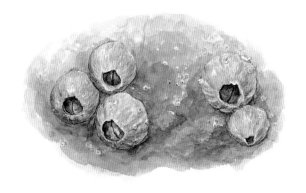

절지동물 갑각류 사각따개비과
밑동 지름 3cm쯤
먹이 바닷물 속 영양분, 플랑크톤
사는 곳 물이 잘 들이치는 갯바위
먹는 때 늦봄~여름
특징 먹을 수 있다.

검은큰따개비 따꾸지, 굴통 *Tetraclita japonica*

검은큰따개비는 이름처럼 빛깔이 거무튀튀하고 크다. 다른 작은 따개비가 검은큰따개비에 붙어살기도 한다. 봉긋한 원뿔처럼 생겼고 맨 위에는 분화구 같은 구멍이 있다. 물이 맑고 파도가 들이치는 갯바위에 무리지어 다닥다닥 붙어 있다. 남해에 흔하다. 호미나 낫으로 윗쪽을 쳐 내고 칼로 속살을 도려내서 먹는다. 국을 끓이면 담백하고 시원하다. 살이통통하게 여무는 여름에 많이 먹는다.

날개갯지렁이 관 　　 털보집갯지렁이 관 　　 유령갯지렁이 관 　　 괴물유령갯지렁이 관

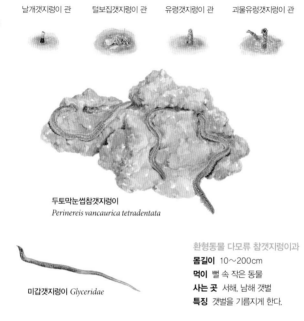

두토막눈썹참갯지렁이
Perinereis vancaurica tetradentata

미갑갯지렁이 *Glyceridae*

환형동물 다모류 참갯지렁이과
몸길이 10～200cm
먹이 뻘 속 작은 동물
사는 곳 서해, 남해 갯벌
특징 갯벌을 기름지게 한다.

갯지렁이 　갯거시랑, 갯지네, 그시랑, 거시래이

갯지렁이는 지렁이처럼 몸이 가늘고 긴데 다리가 많다. '갯벌에 터줏대감'이라고 할 만큼 많이 산다. 갯벌 바닥에서 갯지렁이가 사는 관을 쉽게 본다. 관 속에 숨어 있다가 갯벌 위로 나왔다 들어갔다 한다. 갯지렁이가 쉴 새 없이 굴을 파고 다니면서 갯벌을 기름지게 한다. 두토막눈썹참갯지렁이가 흔하다. 작지만 힘센 이빨로 작은 동물을 잡아먹는데 사람도 물리면 따끔하게 아프다. 낚시 미끼로 많이 쓴다.

극피동물 검은띠불가사리과
몸길이 10cm쯤
먹이 조개, 고둥, 바닷말
사는 곳 갯벌이나 바닷속
특징 몸에 검은 띠가 있다.

검은띠불가사리 삼바리[북], 오바리 *Luidia quinaria*

검은띠불가사리는 우리나라 모든 바다에 산다. 썰물 때 몸이 드러나면
갯바닥을 얕게 파고 들어가서 다음 밀물 때까지 버틴다. 몸이 딱딱한 뼛
조각으로 덮여 있는데 만져 보면 매끈하다. 팔이 잘 끊어지지만 몸통이
조금만 남아 있어도 다시 온전하게 자란다. 긴 팔로 먹이를 감싸 잡는
다. 조개나 전복, 바닷말을 가리지 않고 먹어 치워서 사람들이 싫어한다.
건드리면 꼼짝 않고 죽은 척한다.

관족

배 쪽에는 셀 수 없이 많은 관족과
돌기가 있다.

극피동물 불가사리과
몸길이 10cm 이상
먹이 조개, 고둥, 바닷말
사는 곳 바닷속이나 갯벌
특징 닥치는 대로 먹어 치운다.

아무르불가사리 물방석 *Asterias amurensis*

아무르불가사리는 우리 바다에 가장 흔하다. 원래 러시아에서 살던 불
가사리다. 덩치가 크고 움직임도 빠르다. 먹잇감을 보면 닥치는 대로 먹
어 치워서 '싹 쓸고 지나간다'고 할 정도다. 팔로 조개를 감싼 뒤 조개
입을 억지로 벌려 조갯살을 녹여 먹는다. 추운 바다에 살던 불가사리라
물이 차가운 겨울에 활발히 움직인다. 여름에는 바닷속 깊이 내려가 덜
움직이거나 여름잠을 잔다.

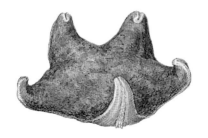

극피동물 별불가사리과
몸길이 5~7cm
먹이 죽은 물고기, 썩은 조개, 바닷말
사는 곳 바닷속, 갯벌
특징 썩은 먹이를 먹는다.

별불가사리 알땅구^북, 별 *Asterina pectinifera*

별불가사리는 우리나라 토박이 불가사리다. 별처럼 생겼다. 갯벌이나 물웅덩이에서 흔히 본다. 팔이 짧고 움직임이 둔해서 살아 있는 먹잇감은 잘 못 잡는다. 죽은 물고기나 썩어 가는 조개 따위를 주로 먹는다. 파도 때문에 몸이 뒤집히면 잘 발달된 관족을 써서 재빨리 몸을 다시 뒤집는다. 관족은 속이 빈 관인데 늘었다 줄었다 하면서 다리나 발 노릇을 한다.

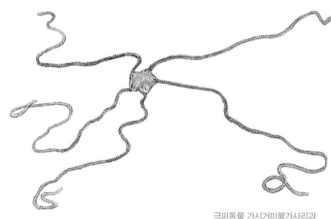

극피동물 가시거미불가사리과
몸길이 20cm쯤
먹이 플랑크톤이나 영양분
사는 곳 바닷속 모랫바닥, 갯벌
특징 팔이 가늘고 길다.

가시거미불가사리 거미삼바리^북 *Ophiotrix koreana*

가시거미불가사리는 흔히 보는 불가사리와 많이 다르게 생겼다. 온몸
이 작은 비늘로 덮여 있고 팔 다섯 개가 거미 발처럼 아주 가늘고 길다.
바다 밑에서 살고 돌 밑이나 다른 동물에 붙어살기도 한다. 긴 팔을 써
서 다른 불가사리보다 훨씬 빠르게 움직인다. 긴 팔로 갯바닥을 뒤지고
다니면서 플랑크톤이나 개흙 속에 있는 영양분을 먹는다고 '바다 지렁
이'라고도 한다.

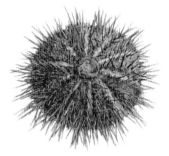 

가시가 떨어진 분지성게 몸통

극피동물 분지성게과
몸통 지름 5cm, 가시 길이 1cm
먹이 영양분이나 바닷말
사는 곳 얕은 바닷속, 갯바위
특징 밤송이가 같다.

분지성게 밤송이, 물밤 *Temnopleurus toreumaticus*

분지성게는 물 깊이가 5m쯤 되는 얕은 바닷속 모래진흙 바닥에서 무리 지어 산다. 몸에 긴 가시와 짧은 가시가 고루 난다. 부러지면 또 자란다. 밤에 나와서 갯바닥 영양분을 긁어 먹거나 바닷말을 갉아 먹는다. 동해와 남해에서는 잠수부가 바닷속에 들어가 주워 오고, 서해에서는 썰물 때 갯벌에 나온 것을 줍는다. 성게알은 부드럽고 향긋하며 달착지근하고 담백하다. 날로 먹거나 국을 끓여 먹는다.

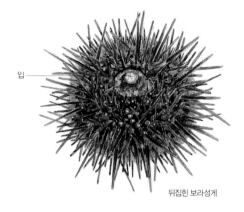

입

뒤집힌 보라성게

극피동물 만두성게과
몸통 지름 5cm, 가시 길이 5cm쯤
먹이 바닷말, 죽은 물고기
사는 곳 바닷속 갯바위
나는 때 여름
특징 가시가 길다.

보라성게 밤송이, 알땅구 *Anthocidaris crassispina*

보라성게는 바다 밑에서 촘촘하게 무리 지어 산다. 우리나라에서 가장
흔하다. 동해와 남해, 제주 바다에 많다. 가시가 크고 날카로워서 꼭 밤
송이 같다. 가시 끝에 독이 있어서 찔리면 오랫동안 시큰시큰 아프다.
낮에는 바위틈에 꼭 숨어 있다가 밤에 기어 나와서 바닷말을 뜯어 먹는
다. 보라성게알은 날로 많이 먹는다. 제주도에서는 성게알을 넣고 미역
국을 끓인다. 알을 낳는 여름이 제철이다.

가시가 떨어진 염통성게 몸통

극피동물 염통성게과
몸통 지름 2∼3cm
먹이 영양분이나 미생물
사는 곳 바닷속 모래진흙 바닥
특징 몸이 타원형이고 작다.

염통성게 밤송이, 솜 *Schizaster lacunosus*

염통성게는 물 깊이가 10~20m쯤 되는 바닷속 모래진흙 바닥에서 산다. 몸통 지름이 2~3cm로 다른 성게보다 작다. 가시가 억세지 않고 껍데기도 얇아서 잘 깨진다. 모래 진흙 속에 얕게 묻혀 있거나 모래를 뒤집어 쓴 채 천천히 기어 다니면서 바닥에 있는 유기물을 긁어 먹는다. 흔하지 않다. 몸통은 타원형인데 제주도에서는 '솜'이라고 한다. 염통성게는 안 먹는다.

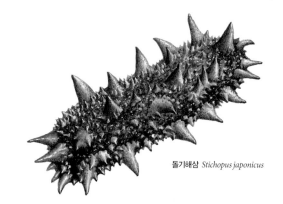

돌기해삼 *Stichopus japonicus*

해삼이 뻘을 먹고 똥을 눴다.

극피동물 돌기해삼과
몸길이 5~20cm
먹이 모래나 뻘, 바닷말, 썩은 동물
잡는 때 겨울~봄
사는 곳 바닷속
특징 몸에 돌기가 있다.

해삼 미

해삼은 바다 밑에 산다. 물 빠진 바닷가 바위나 돌 밑에도 있다. 헤엄은 못 치고 기어 다닌다. 모래나 뻘, 바닷말, 썩은 동물 따위를 가리지 않고 먹는다. 천적이 잡아먹으려고 하면 똥구멍으로 내장을 빼낸다. 그리고는 천적이 내장을 먹는 사이 달아난다. 없어진 내장은 한 달쯤 지나면 다시 생긴다. 해삼은 겨울에서 봄 사이가 제철이다. 짭짤하면서도 오독오독 씹히는 맛이 좋아서 날로 많이 먹는다.

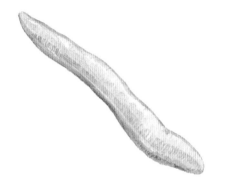

극피동물 닻해삼과
몸길이 10cm쯤
먹이 모래나 뻘 속 영양분
사는 곳 서해, 남해 갯벌
특징 통통한 지렁이같이 생겼다.

가시닻해삼 갯거시랑 *Protankyra bidentata*

가시닻해삼은 서해와 남해에 산다. 모래와 뻘이 섞인 갯바닥 속으로
5~10cm쯤 파고들어 간다. 빛깔이 하얗고 속이 어슴프레 비친다. 길고
통통한 몸을 고무줄처럼 늘였다 줄였다 한다. 갯바닥 속을 돌아다니면
서 모래나 뻘 속에 있는 먹이를 먹는다. 공격을 당하면 몸 일부를 스스
로 떼어 낸다. 끊어진 토막은 다시 자라서 온전한 몸이 된다. 물 빠진 갯
벌에서 자주 볼 수 있지만 안 먹는다.

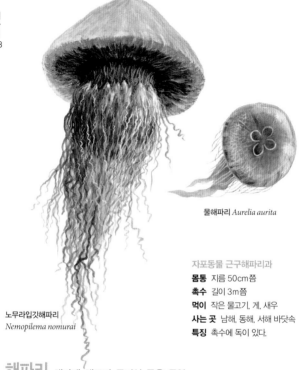

물해파리 *Aurelia aurita*

노무라입깃해파리
Nemopilema nomurai

자포동물 근구해파리과
몸통 지름 50cm쯤
촉수 길이 3m쯤
먹이 작은 물고기, 게, 새우
사는 곳 남해, 동해, 서해 바닷속
특징 촉수에 독이 있다.

해파리 해파래, 해포리, 무리실, 물옷, 물알

해파리는 헤엄치는 힘이 약해서 물결이나 파도를 타고 흐느적흐느적 떠다닌다. 남해에서 많이 보인다. 몸이 젤리 같고 투명하다. 긴 촉수에 독이 있는데, 이 촉수로 물고기나 새우를 잡아먹는다. 살아 있을 때는 흐물흐물하지만 잡아서 소금을 뿌려 말리면 꼬들꼬들해진다. 이것으로 해파리냉채를 만든다. 노무라입깃해파리는 몸무게가 200kg이나 나가는 큰 해파리다. 사람이 쏘이면 크게 다친다.

자포동물 바다선인장과
몸길이 10cm 이상
먹이 플랑크톤, 작은 생물
사는 곳 얕은 바다 모랫바닥
특징 밤에 빛을 낸다.

바다선인장 *Cavernularia obesa*

바다선인장은 남해와 서해 모래갯벌이나 바닷속 모랫바닥에 산다. 몸통이 두 마디로 되어 있는데, 짧은 쪽을 모래 속에 박고 긴 쪽 일부만 위로 내놓는다. 몸통을 늘였다 줄였다 하는데 다 펴면 길이가 50cm를 넘기도 한다. 낮에는 모래 속에 숨어 있다가 밤에 나와서 손처럼 생긴 촉수를 활짝 펼치고 작은 생물이나 플랑크톤을 잡아먹는다. 깜깜한 밤에 온몸에서 빛이 난다.

촉수를 활짝 펼친 모습

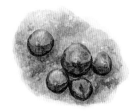

몸을 오므리고 있는 모습

자포동물 줄말미잘과
몸통 지름 2∼3cm
먹이 바닷물 속 영양분, 플랑크톤
사는 곳 서해, 남해 갯바위와 물웅덩이
특징 건드리면 물을 찍 쏜다.

담황줄말미잘 *Haliplanella lucia*

담황줄말미잘은 갯바위에 붙어산다. 바닷물이 따뜻한 서해와 남해에 많다. 그늘지고 어두운 곳에 무리 지어 산다. 몸통을 동그랗게 오므리고 있을 때 건드리면 물을 찍 쏘면서 더 작게 오므린다. 만지면 물컹물컹하다. 바닷물이 들어오면 촉수를 활짝 펴고 바닷물 속 영양분을 걸러 먹는다. 말미잘 가운데 크기가 작은 편이다. 온 세계에 널리 퍼져 있다.

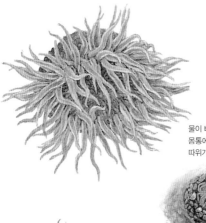

물이 빠진 뒤 촉수를 오므렸다.
몸통에 모래알과 조개껍데기 조각
따위가 붙어 있다.

자포동물 해변말미잘과
몸통 지름 5cm쯤
먹이 작은 물고기, 게, 새우
사는 곳 모래갯벌, 갯바위 물웅덩이
특징 따서 먹는다.

해변말미잘 *Actina equina*

풀색꽃해변말미잘 바위꽃^북 *Anthopleura midori*

풀색꽃해변말미잘은 모랫바닥이나 바위틈에 단단히 몸을 박고 산다.
물이 들어오면 촉수를 활짝 펼치고 있다가 작은 물고기나 새우가 지나
가면 촉수로 독을 쏘아 잡아먹는다. 하지만 사람은 만져도 괜찮다. 몸
통에 모래알이나 조개껍데기 따위가 붙어 있어서 오므리고 있으면 눈에
잘 안 띈다. 호미나 칼로 캐서 깨끗이 다듬은 뒤 된장이나 고추장을 넣
고 자작하게 지져 먹는다. 싸각싸각 씹히고 달착지근한 맛이 난다.

살오징어 *Todarodes pacificus*

연체동물 두족류 살오징어과
몸길이 40cm
다리 10개
먹이 새우, 게, 작은 물고기, 오징어
사는 곳 동해, 남해, 서해
잡는 때 여름 ~겨울
특징 다리가 열 개다.

오징어 오징애, 먹통고기

오징어는 동해에서 많이 난다. 머리와 다리가 붙어 있어서 '두족류'라
고 한다. 다리가 열 개인데 이 가운데 긴 다리 두 개는 더듬이다. 위험을
느끼면 순식간에 몸 색깔을 바꾸거나 시꺼먼 먹물을 뿜는다. 여름에 많
이 잡힌다. 밤에 불빛을 보고 몰려들기 때문에 배에 불을 환하게 켜고
잡는다. 오징어는 날로 먹거나 데쳐서 먹는다. 젓갈도 담가 먹고 말려서
오래 두고 먹는다.

연체동물 두족류 꼴뚜기과
몸길이 7cm
다리 10개
먹이 작은 새우, 물고기
사는 곳 서해, 남해
잡는 때 봄
특징 몸이 작다.

꼴뚜기 호레기, 꼬록 *Loligo beka*

꼴뚜기는 서해 얕은 바다와 남해에서 많이 난다. 봄에 배를 타고 나가
불을 환하게 켜고 그물로 잡는다. 짧은 다리 여덟 개와 긴 더듬이 두 개
가 있다. 몸이 아주 작고 오징어처럼 먹물을 쏜다. 갯마을에서는 '호레
기'나 '꼬록'이라고 한다. 제철에는 회로 많이 먹고, 꼴뚜기젓도 많이
담근다.

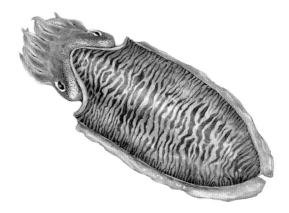

연체동물 두족류 갑오징어과
몸길이 20~30cm
다리 10개
먹이 새우, 작은 물고기, 다른 오징어
사는 곳 서해, 남해 바닷속
잡는 때 오뉴월
특징 몸속에 뼈가 있다.

갑오징어 참오징어, 맹마구리 *Sepia officinalis*

갑오징어는 서해에서 많이 난다. 동해에서 많이 나는 오징어와 달리 몸이 납작하다. 몸통 가장자리에 짧은 지느러미가 있고, 몸속에 크고 단단한 뼈가 들어 있다. 위험을 느끼면 몸 색깔을 재빨리 바꾸거나 먹물을 내뿜고 도망간다. 늦봄이 제철인데 배를 타고 나가 통발로 잡는다. 살이 도톰하고 부드럽고 맛이 좋아 '참오징어'라고 한다. 데쳐 먹거나 국에 넣어 먹고 말려서 오래 두고 먹는다.

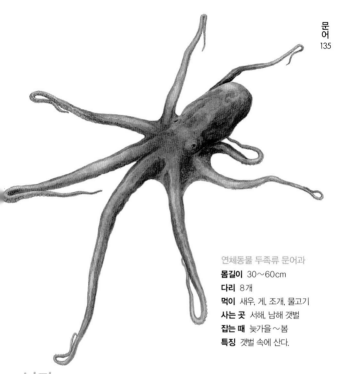

연체동물 두족류 문어과
몸길이 30~60cm
다리 8개
먹이 새우, 게, 조개, 물고기
사는 곳 서해, 남해 갯벌
잡는 때 늦가을~봄
특징 갯벌 속에 산다.

낙지 무네, 서해낙지 *Octopus minor*

낙지는 서해와 남해 갯벌에서 산다. 다리는 여덟 개인데, 몸통보다 서너 배쯤 길다. 오징어나 문어처럼 위험을 느끼면 먹물을 쏜다. 야행성이라 낮에는 거의 볼 수 없다. 먹성이 좋아서 새우나 게, 물고기를 닥치는 대로 잡아먹는다. 늦가을부터 이듬해 봄까지가 제철이다. 뻘 위에 난 낙지 구멍을 삽으로 파서 잡는다. 날로 먹고 볶아 먹고 국을 끓여 먹는다. 다리가 아주 가는 낙지는 '세발낙지'라고 한다.

밥알같이 생긴 주꾸미알
피뿔고둥 껍데기 안에 슬어 놓았다.

연체동물 두족류 문어과
몸길이 15~20cm
다리 8개
먹이 새우, 게, 조개, 물고기
사는 곳 서해, 남해 얕은 바다
잡는 때 3~5월
특징 다리가 짧고 통통하다.

주꾸미 직검발^북, 쭈꾸미 *Octopus ocellatus*

주꾸미는 서해와 남해 얕은 바다에서 산다. 물속 갯바닥에 굴을 파고
살거나 바위틈에 산다. 낙지보다 작고 다리도 짧다. 밤에 나와 돌아다니
면서 새우와 조개, 게를 닥치는 대로 잡아먹는다. 주꾸미는 봄이 제철
이다. 피뿔고둥 껍데기를 줄에 엮어서 바다에 던져 놓으면 주꾸미가 제
집인 줄 알고 쏙 들어간다. 살이 부드럽고 쫄깃하며 담백하다. 데쳐 먹
고 볶아 먹고 국에 넣어 먹는다. 싱싱할 때 날로 먹기도 한다.

왜문어 *Octopus vulgaris*

연체동물 두족류 문어과
몸길이 60~300cm
다리 8개
먹이 새우, 게, 조개, 고둥
사는 곳 동해, 남해, 제주 바다
잡는 때 1년 내내
특징 바위틈이나 구멍에 잘 들어간다.

문어 문에, 물낙지

문어는 동해와 남해에서 많이 난다. 제주 바다에도 많다. 바닷속 바위
틈이나 구멍에 들어가서 산다. 머리처럼 생긴 곳이 몸통이고, 몸통과 다
리가 이어진 곳에 머리가 있다. 다리는 여덟 개인데 몸통보다 세 배쯤 길
다. 다리마다 무척 힘이 센 빨판이 있어서 쩍쩍 잘 들러붙고 먹이를 잘
잡는다. 이빨이 날카로워서 껍데기가 두꺼운 소라도 깨 먹는다. 겨울 문
어가 씨알이 굵고 좋다. 데쳐서 얇게 썰어 먹는다.

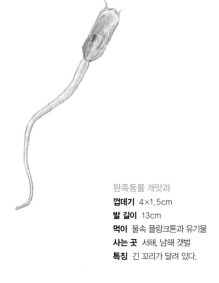

완족동물 개맛과
껍데기 4×1.5cm
발 길이 13cm
먹이 물속 플랑크톤과 유기물
사는 곳 서해, 남해 갯벌
특징 긴 꼬리가 달려 있다.

개맛 푸른록조개[북] *Lingula unguis*

개맛은 서해와 남해 갯벌에서 흔하게 볼 수 있다. 몸통이 납작한 껍데기
두 장에 싸여 있고 긴 꼬리가 달려 있다. 껍데기 위쪽에 촉수들이 나 있
는데 물이 들어오면 이 촉수로 플랑크톤을 걸러 먹는다. 꼬리로 갯벌 속
을 파고드는데, 갯벌에 나 있는 구멍이 마치 바지락 구멍 같다. 바지락인
줄 알고 캐 보면 개맛이 나오기도 하는데, 개맛은 못 먹는다. 이 모습 그
대로 5억 년 동안 살아왔다고 '살아 있는 화석'이라고 한다.

개불 구멍

의충동물 개불과
몸길이 10~30cm
먹이 모래 속 영양분과 미생물
사는 곳 서해, 남해 모래갯벌
나는 때 늦가을~봄
특징 몸통을 늘였다 줄였다 한다.

개불 모래굴치, 모래지네 *Urechis unicinctus*

개불은 갯지렁이 같은 환형동물에 가깝다. 서해와 남해 모래갯벌에서 산다. 몸이 둥근 통처럼 생겼고 온몸이 발갛고 물렁물렁하다. 몸을 늘였다 줄였다 한다. 몸이 매끈해 보이지만 만져 보면 자잘한 돌기로 덮여 있다. 여름에는 갯바닥 속으로 1m 넘게 들어가 여름잠을 자기 때문에 잡기 힘들다. 겨울에 갯벌에 물이 빠지면 삽으로 파서 잡는다. 썰어서 날로 먹으면 쫄깃쫄깃하고 담백하다.

껍질을 벗긴 미더덕

척삭동물 미더덕과

몸길이 5~10cm
먹이 바닷물 속 영양분과 플랑크톤
사는 곳 남해, 서해
나는 때 4~5월
특징 더덕같이 생겼다.

미더덕 *Styela clava*

미더덕은 바닷속 바위에 자루 끝을 거꾸로 붙이고 산다. 남해에 많다.
더덕을 닮았다고 '미더덕'이라는 이름이 붙었다. 얇은 껍질은 가죽처럼
질기고 딱딱하다. 물을 빨아들이고 내보내는 구멍으로 플랑크톤이나
영양분을 걸러 먹는다. 껍질을 벗기고 먹는데 꼭 도토리처럼 생겼다. 알
이 차는 4~5월이 제철이다. 국에 넣어 먹거나 쪄 먹는다. 오독오독 씹히
는 맛이 좋고 독특한 향이 난다.

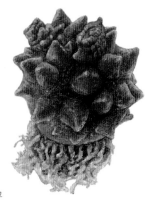

붉은멍게 *H. aurantium*
속초에서는 몸통이 매끄럽고 곱다고
'비단멍게' 라고 한다.

척삭동물 멍게과
몸길이 10cm
먹이 바닷물 속 영양분과 플랑크톤
사는 곳 남해, 제주, 동해 바닷속
나는 때 여름
특징 몸통에 혹들이 솟아 있다.

멍게 우렁쉥이, 돌멍게, 참멍게 *Halocynthia roretzi*

멍게는 물 깊이가 5~20m쯤 되는 바닷속 바위에서 무리 지어 산다. 몸 아래쪽에 풀뿌리처럼 생긴 것으로 바위에 단단히 붙어산다. 껍질은 가죽처럼 질기고 단단한데 속살은 물렁물렁하다. 몸 위쪽에 구멍이 두 개 있다. 하나는 물을 빨아들이는 구멍이고, 하나는 내보내는 구멍이다. 물속에서는 두 구멍이 활짝 열려 있지만 물 밖으로 꺼내면 구멍을 꼭 닫는다. 여름이 제철인데 상큼하고 향긋해서 날로 많이 먹는다.

척추동물 어류 농어목
황줄베도라치과
몸길이 15cm쯤
먹이 작은 새우, 갯지렁이, 물고기 알
사는 곳 바닷가 물웅덩이
특징 미꾸라지를 닮았다.

베도라치 뽀드락지, 뱅어, 실치 *Pholis nebulosa*

베도라치는 얕은 바다나 물웅덩이 바위틈에 산다. 몸이 미꾸라지처럼
미끈하고 길며 옆으로 납작하다. 긴 몸통을 따라 지느러미가 길게 나 있
다. 몸 빛깔은 잿빛 밤색이고 얼룩무늬가 있는데 저마다 조금씩 다르다.
9~10월에 알을 덩어리로 낳는다. 여느 물고기와 달리 어미가 덩어리진
알을 몸으로 감싸서 돌본다. 베도라치는 푹 고아서 침을 자꾸 흘리는 아
이에게 약으로 고아 먹이기도 했다.

척추동물 어류 농어목 망둑어과
몸길이 40cm쯤
먹이 작은 물고기, 게, 갯지렁이
사는 곳 서해, 남해 얕은 바다
잡는 때 봄, 가을
특징 흔히 망둥어라고 한다.

풀망둑 망둥어, 꼬시래기 *Synechogobius hasta*

풀망둑은 서해와 남해 얕은 바다에서 산다. 흔히 '망둥어'라고 한다.
먹성이 좋아서 작은 물고기나 게, 갯지렁이를 닥치는 대로 잡아먹는다.
겨울에는 뻘 속에 있다가 봄에 나와 짝짓기를 한다. 짝짓기를 마치면 거
의 뼈만 남아 얼마 못 산다. 물이 들어올 때 낚시로 잡는데 갯가에 쳐 둔
그물에도 잘 걸린다. 국을 끓여 먹거나 구워 먹는다. 말리면 '문저리'라
고 하는데 오래 두고 먹는다.

척추동물 어류 농어목 망둑어과
몸길이 10cm쯤
먹이 갯지렁이, 새우
사는 곳 서해, 남해 뻘갯벌
특징 배에 빨판이 있다.

말뚝망둥어 불래 *Periophthalmus modestus*

말뚝망둥어는 뭍에서 가까운 갯벌에 굴을 파고 산다. 배에 빨판이 있어
서 나무 말뚝에 잘 올라간다고 '말뚝망둥어'다. 눈이 머리 위쪽으로 툭
튀어나와서 사방을 훤히 잘 본다. 물 밖에서 더 잘 지낸다. 아가미 속 주
머니에 공기를 가득 집어넣어 숨을 쉬거나 살갗으로 숨을 쉰다. 가슴지
느러미와 꼬리지느러미로 갯바닥을 펄쩍펄쩍 뛰어다닌다. 헤엄은 잘 못
친다. 겨울에는 뻘 속에 들어가 겨울잠을 잔다.

척추동물 어류 농어목 망둑어과
몸길이 15~20cm
먹이 뻘 속 영양분이나 미생물
사는 곳 서해, 남해 뻘갯벌
잡는 때 여름~가을
특징 펄쩍펄쩍 잘 뛴다.

짱뚱어 잠퉁이, 잠둥어 *Boleophthalmus pectinirostris*

짱뚱어는 질척한 뻘갯벌에 굴을 파고 산다. 가슴지느러미로 뻘 밭을 기어 다니고 펄쩍펄쩍 잘 뛰어오른다. 낮에 구멍을 들락날락하면서 먹이를 잡다가 해거름에 굴에 들어가 구멍을 덮고 숨는다. 겨울에는 뻘 속에 들어가 겨울잠을 잔다. 겨울잠을 오래 잔다고 '잠퉁이'라고도 한다. 삽으로 파서 잡거나 낚시로 후려 잡는다. 국을 끓여 먹고 굽거나 말려 먹는다.

척추동물 조류 황새목 저어새과
몸길이 74cm쯤
먹이 작은 물고기, 새우
날아오는 때 여름
날아오는 곳 갯벌, 강어귀
특징 부리를 저어서 먹이를 찾는다.

저어새 검은뺨저어새^북 *Platalea minor*

저어새는 서해 갯벌을 찾아오는 무척 귀한 여름 철새다. 부리가 주걱처럼 길고 납작하다. 기다란 부리를 물속에 넣고 양옆으로 휘저으면서 먹이를 찾아 먹는다고 이름이 '저어새'다. 얼굴이 까맣다고 북녘에서는 '검은뺨저어새'라고 한다. 얕은 물속을 걸어 다니면서 작은 물고기나 새우 따위를 잡아먹는다. 온 세계에 몇 마리 안 남아서 지키려고 애쓰는 멸종 위기종이다. 우리나라에서는 천연기념물로 정해서 보호하고 있다.

척추동물 조류 기러기목 오리과
몸길이 63cm쯤
먹이 고동, 작은 물고기, 벌레, 파래
날아오는 때 겨울
날아오는 곳 갯벌, 강어귀
특징 짝짓기 때 혹이 커진다.

혹부리오리 꽃진경이^북 *Tadorna tadorna*

혹부리오리는 갯벌과 강어귀에 찾아오는 겨울 철새다. 짝짓기 할 무렵 수컷 부리에 혹이 커진다고 '혹부리오리'라고 한다. 부리와 다리는 붉고 등에서 배까지 밤색 띠가 있다. 낮에 갯벌에 서서 얕은 물에 머리를 박고 조개나 고동, 작은 물고기를 잡아먹는다. 작은 조개는 껍데기째 부수어 먹는다. 파래 같은 바닷말도 먹는다. 날이 추우면 한쪽 다리로 선채 머리를 뒤로 돌려 등 깃에 묻고 쉬거나 잠을 잔다.

척추동물 조류 도요목
검은머리물떼새과

몸길이 45cm쯤
먹이 갯지렁이, 조개, 게, 물고기
사는 곳 갯벌, 섬, 강어귀
특징 머리가 까맣고 부리는 빨갛다.

검은머리물떼새 *Haemantopus ostralegus*

검은머리물떼새는 흔하지 않은 텃새다. 바위와 모래가 많은 바닷가나 강어귀에서 너덧 마리씩 무리 지어 산다. 갯벌에 뾰족한 부리를 깊숙이 박고 갯지렁이나 작은 게를 잡아먹는다. 또 멀리서 먹잇감을 눈으로 먼저 찾아낸 뒤 잽싸게 다가가 집게 같은 부리로 잡아챈다. 4~5월에 짝짓기를 하고 암수가 함께 바위나 풀밭에 둥지를 튼다. 얼룩무늬가 있는 알을 두세 개 낳는다.

몸길이 30cm쯤
먹이 벌레, 지렁이, 갯지렁이, 풀씨
날아오는 때 겨울
날아오는 곳 갯벌, 강어귀, 냇가, 논
특징 머리 뒤에 검은 장식깃이 있다.

댕기물떼새 쟁개비^북 *Vanellus vanellus*

댕기물떼새는 갯벌이나 강어귀 모래밭에 많이 날아오는 겨울 철새다. 냇가나 논에서도 볼 수 있다. 머리 뒤쪽에 댕기처럼 길게 뻗은 깃이 있어서 '댕기물떼새'라고 한다. 서너 마리씩 작은 무리를 짓기도 하고 50~200마리씩 큰 무리를 짓기도 한다. 갯벌에서 갯지렁이나 조개를 잡아먹고 논밭에서는 풀씨도 훑어 먹는다. 날 때는 날갯짓이 느리고 너풀너풀 난다. 다른 겨울 철새와 달리 줄지어 날지 않는다.

척추동물 조류 도요목 도요새과
몸길이 20cm쯤
먹이 조개, 갯지렁이, 게, 작은 물고기
날아오는 때 겨울
날아오는 곳 갯벌, 염전, 강어귀, 저수지
특징 도요새 가운데 가장 흔하다.

민물도요 갯도요^북 *Calidris alpiona*

민물도요는 가을부터 봄 사이에 날아오는 겨울 철새다. 갯벌이나 염전, 강어귀, 논, 저수지에서 쉽게 볼 수 있다. 도요 가운데 가장 흔하다. 부리 끝이 아래로 조금 휘어서 갯벌을 잘 판다. 적게는 수십 마리부터 많게는 수천수만 마리가 무리를 짓는다. 물이 빠질 때 종종걸음으로 물을 쫓아가면서 갯바닥을 부리로 콕콕 찍어 먹이를 잡는다. 또 조개나 갯지렁이 따위를 파먹는다.

척추동물 조류 도요목 도요새과
몸길이 63cm쯤
먹이 게, 조개, 갯지렁이, 작은 물고기
날아오는 때 봄가을
날아오는 곳 갯벌, 강어귀, 염전
특징 크고 긴 부리가 아래로 휘어졌다.

알락꼬리마도요 되깽이 *Numenius madagascariensis*

알락꼬리마도요는 봄과 가을에 우리나라에 잠깐 머물렀다 가는 나그네
새다. 서해 갯벌이나 강어귀에서 볼 수 있다. 도요새 가운데 큰 편이다.
부리가 무척 크고 길며 아래로 휘어졌다. 긴 다리로 갯벌이나 얕은 물가
를 성큼성큼 걸어 다닌다. 게가 굴속으로 숨으면 긴 부리를 뻘 속에 푹
찔러 넣는다. 뻘 속에서 게를 파내면 입에 물고 흔들어서 다리를 떼어
내고 먹는다. 수가 적고 귀해서 보호종으로 정했다.

척추동물 조류 도요목 갈매기과
몸길이 47cm쯤
먹이 물고기, 게, 쥐, 음식 찌꺼기
사는 곳 바닷가, 무인도, 항구, 강어귀
특징 울음소리가 고양이 소리 같다.

괭이갈매기 검은꼬리갈매기^북 *Larus crassirostris*

괭이갈매기는 바닷가에서 흔히 보는 텃새다. 울음소리가 고양이 같다고 '괭이갈매기'다. 부리 끝에 빨간 띠와 검은 띠가 있다. 이것저것 가리지 않고 잘 먹는다. 고기잡이배를 쫓아다니면서 물고기를 얻어먹기도 하고, 사람들이 던져 주는 과자 부스러기도 곧잘 받아먹는다. 4~6월에 사람이 살지 않는 섬에 모여서 알을 세 개 낳는다. 새끼가 나오면 어미가 한두 달 키운 뒤 바다로 데리고 나간다.

척추동물 조류 도요목 갈매기과

몸길이 40cm쯤
먹이 물고기, 갯지렁이, 쥐, 음식물
날아오는 때 겨울
날아오는 곳 갯벌, 항구, 강어귀
특징 부리가 붉다.

붉은부리갈매기 갈마구 *Larus ridibundus*

붉은부리갈매기는 바닷가에서 흔히 보는 겨울 철새다. 물 위에 둥둥 떠 있을 때가 많다. 갈매기 가운데 작은 편이다. 부리와 다리가 빨갛다. 갯벌을 걸어 다니며 먹이를 찾고 고기잡이배에서 버린 물고기도 먹는다. 쉴 때는 바위나 둑, 배 위에서 바람이 불어오는 쪽을 바라보고 서 있다. 천적이 다가오면 거친 소리로 울며 한꺼번에 날아오른다. 가끔 몸을 들이대며 대들기도 한다.

척추동물 조류 도요목 갈매기과

몸길이 24cm쯤
먹이 작은 물고기
날아오는 때 여름
날아오는 곳 바닷가, 강가 모래밭
특징 꼬리가 제비 꼬리 같다.

쇠제비갈매기 흰이마쇠갈매기 *Sterna albifrons*

쇠제비갈매기는 바닷가나 강가 모래밭에서 흔히 보는 여름 철새다. 갈매기 가운데 아주 작은 편이다. 꼬리가 제비 꼬리를 닮았고 몸집이 작아서 '쇠제비갈매기'라고 한다. 날갯짓을 하며 한자리에 떠 있다가 물낯 가까이에 물고기가 보이면 날개를 오므리고 잽싸게 날아가 부리로 낚아챈다. 4~7월에 짝짓기를 하고 새끼를 친다. 모래를 오목하게 파고 알을 두세 개씩 낳는다.

척추동물 조류 매목 수리과
몸길이 55~60cm
먹이 바닷물고기, 민물고기
날아오는 때 겨울
날아오는 곳 바닷가, 강가
특징 물고기를 잡아먹는다.

물수리 바다수리^북 *Pandion haliaetus*

물수리는 바닷가나 강가로 날아오는 드문 겨울 철새다. 텃새로 눌러앉아 살기도 한다. 말똥가리나 솔개 같은 다른 수리는 작은 짐승이나 새를 잡아먹지만 물수리는 물고기를 잡아먹는다. 물 위에서 빙빙 돌다가 먹잇감을 찾으면 다리를 아래로 늘어뜨린 채 날아가 발가락으로 잽싸게 낚아챈다. 발톱이 갈고리처럼 휘어지고 날카로워서 미끄러운 물고기를 놓치지 않는다. 수가 적어서 보호종으로 정했다.

다른 바닷말과 섞여
자라는 파래

녹조류 갈파래과
길이 10~20cm
나는 곳 갯바위
뜯는 때 겨울~봄
특징 흔하고 많이 먹는다.

파래 포래, 청태 *Enteromorpha* spp.

파래는 바닷가 바위나 돌에 붙어 자라는 흔한 바닷말이다. 민물이 흘러
들어오는 곳에서 잘 자라고, 바닷가 물웅덩이에도 잔뜩 난다. 겨울에서
봄 사이가 제철이다. 늦가을에 새로 돋은 파래를 깨끗이 씻어서 무를
채 썰어 넣고 새콤하게 무쳐 먹는다. 또 된장국에도 넣고 부침개를 부쳐
먹는다. 파래나 청각처럼 푸른빛이 도는 바닷말을 '녹조류'라고 한다.
녹조류는 바닷말 가운데 가장 얕은 곳에서 산다.

말아 놓은 가시파래

녹조류 갈파래과
길이 30cm 이상
나는 곳 남해 깨끗한 뻘 밭
뜯는 때 겨울
특징 한겨울에 잠깐 난다.

가시파래 감태, 감투 *Enteromorpha prolifera*

가시파래는 남해 뻘 밭에서 드물게 난다. 무척 가늘고 길다. 쌀쌀한 늦가을에 돋기 시작해서 겨울에 잠깐 나온다. 갯벌에 물이 빠졌을 때 뻘밭에서 뜯어 바닷물과 민물에 씻은 뒤 타래처럼 말아 낸다. 갯마을에서는 '감태'라고 한다. 소금과 풋고추를 넣고 '감태 김치'를 만들어 먹는다. 김처럼 말려서 밥을 싸 먹기도 한다. 진짜 감태는 따로 있는데 갈조류고 동해와 남해 바닷속에 산다.

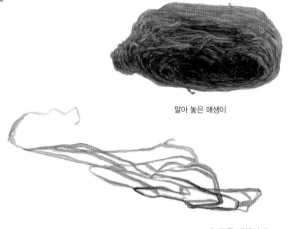

말아 놓은 매생이

녹조류 매생이과
길이 30cm 이상
나는 곳 남해 깨끗한 뻘 밭
뜯는 때 겨울
특징 머리카락처럼 가늘다.

매생이 매산이 *Capsosiphon fulvescens*

매생이는 바닷말 가운데 가장 가늘다. 머리카락보다 가늘고 부들부들하다. 남해 뻘밭에서 자라고 자갈이나 바위에 붙어살기도 한다. 만지면 미끌미끌하다. 11월 중순부터 뜯는데 이듬해 1~2월이면 다 자란다. 겨울에만 잠깐 난다. 뜯어서 바닷물과 민물에 잘 씻은 뒤 한 줌씩 크게 말아 낸다. 국을 끓이면 감칠맛이 나고 향긋하다. 굴이나 돼지고기와 함께 끓이기도 한다. 차게 먹어도 갯내가 안 나고 구수하다.

녹조류 청각과
길이 10~30cm
나는 곳 바닷속 바위나 조개껍데기
뜯는 때 여름~가을
특징 김치를 담글 때 많이 넣는다.

청각 전각, 정각, 녹각채 *Codium fragile*

청각은 맑은 바닷속 바위나 조개껍데기에 붙어서 자란다. 봄에 새로 돋아나는 가지가 사슴뿔처럼 갈라진다고 '청각'이라는 이름이 붙었다. 짙은 초록색이며 통통하고 부드럽다. 다른 바닷말과 달리 여름에 바닷속에 들어가서 뜯는다. 맛이 담백한데 날로도 먹지만 말려 먹으면 더 맛있다. 김치나 동치미에 넣어 맛을 돋우고 살짝 데쳐서 무쳐 먹는다. 녹조류지만 파래와 달리 꽤 깊은 바닷속에서도 난다.

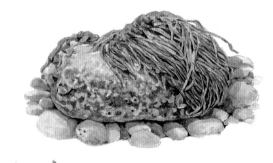

갈조류 고리매과
길이 50~70cm
나는 곳 남해, 서해 갯바위나 자갈밭
뜯는 때 겨울~이른 봄
특징 자라면서 가지에 마디가 생긴다.

고리매 산파래 *Scytosiphon lomentaria*

고리매는 바닷가 바위나 자갈에 붙어 자란다. 물웅덩이에 많다. 늦가을에 실처럼 가느다랗게 돋아나서 이른 봄까지 자란다. 옅은 밤색인데 자라면서 색이 짙어지고 마디가 생긴다. 무척 매끈하다. 여름이 되면 녹아 없어진다. 어릴 때는 무척 부드럽고 대롱처럼 속이 비었다. 어린 것을 뜯어 먹는다. 날로 무쳐 먹거나 된장에 박아 장아찌를 만든다. 데치면 질겨서 못 먹는다.

갈조류 다시마과
길이 200~600cm
나는 곳 동해, 남해 바닷속 갯바위
뜯는 때 오뉴월
특징 말려서 국물을 우려낸다.

다시마 곤포^북 *Laminaria japonica*

다시마는 물이 차고 맑은 동해에서 많이 난다. 바닷속 바위에 단단히 붙어 자란다. 바닷속에서 숲을 이루기도 한다. 미역보다 훨씬 두껍고 미끌미끌하며 무척 길다. 큰 것은 길이가 10m나 된다. 잎 가장자리는 물결처럼 주름이 진다. 오뉴월이 제철이다. 말려서 국물을 내거나 튀겨 먹는다. 데쳐서 쌈을 싸 먹기도 한다. 다시마처럼 갈색인 바닷말을 '갈조류'라고 한다. 녹조류보다 깊은 곳에서 자란다.

갈조류 미역과
길이 100~200cm
나는 곳 얕은 바닷속 바위
뜯는 때 겨울~봄
특징 미역국을 끓여 먹는다.

미역귀 ──

뿌리 ──

미역 메악, 멱, 멕, 메기 *Undaria pinnatifida*

미역은 바닷속 바위에 붙어 자란다. 동해와 남해, 제주 바다에서 많이
난다. 다시마처럼 잎과 줄기, 뿌리로 되어 있는데 길이는 더 짧다. 가을
부터 봄까지 자라고 여름에는 녹아 없어진다. 흔하고 몸에 좋아서 즐겨
먹는 바다나물이다. 말렸다가 국을 끓여 먹고 데쳐 먹거나 볶아 먹는다.
물에 데치면 파래진다. 피를 맑게 하고 젖을 잘 나오게 해서 아기를 낳
은 엄마가 미역국을 먹으면 좋다. 미역귀도 꼬들꼬들해서 맛있다.

갈조류 모자반과
길이 30~300cm
나는 곳 서해, 남해, 제주도 갯바위
뜯는 때 겨울~이른 봄
특징 톳나물밥을 짓는다.

톳 톳나물, 톨 *Hizikia fusiformis*

톳은 갯바위에 무더기로 붙어 자란다. 남해와 제주도에 많다. 가을에 돋기 시작해서 봄에는 갯바위를 뒤덮는다. 겨울부터 이른 봄까지 여러 차례 뜯을 수 있다. 여름에는 녹아 없어진다. 나물로 많이 먹어서 '톳나물'이라고 한다. 이른 봄에 입맛을 돋운다. 물에 데치면 파래진다. 두부를 으깨 넣어 새콤하게 무쳐 먹는다. 통통한 줄기가 톡톡 터져서 씹는 맛이 좋다. 밥에 넣어 '톳나물밥'을 지어 먹는다.

갈조류 모자반과
길이 10~100cm
나는 곳 남해, 동해, 제주 바닷속 바위
뜯는 때 겨울 ~이른 봄
특징 바닷속에서 숲을 이룬다.

모자반 몰, 몸, 모재기 *Sargassum fulvellum*

모자반은 햇빛이 잘 드는 맑은 바닷속 바위에 붙어 자란다. 10m까지 자라서 바닷속에 숲을 이룬다. 가을에 싹이 나서 겨울과 봄에 우거진다. 모자반 숲에는 먹을 것이 많고 알을 낳기 좋아서 물고기나 바닷속 동물들이 많이 산다. 줄기에 구슬 같은 공기주머니가 당글당글 붙어 있어서 바위에서 떨어져 나가면 물에 잘 뜬다. 어린 줄기를 잘라 먹는다. 데치면 파래지는데, 말렸다가 오래 두고 먹는다.

갈조류 모자반과
길이 30〜100cm
나는 곳 서해, 남해 갯바위
뜯는 때 겨울
특징 봄에 갯바위를 뒤덮는다.

지충이 지총, 지충 *Sargassum thunbergii*

지충이는 바닷가 갯바위에 무리 지어 붙어산다. 흔한 바다나물이다. 한 몸에서 여러 줄기가 뻗어 나온다. 겨울에 돋기 시작해서 봄이 되면 갯바위를 뒤덮는다. 갯마을에서는 '지충이밭'이라고 한다. 연할 때 뜯어서 데쳐 먹는다. 된장을 넣고 팔팔 끓여 밥에 비벼 먹으면 맛있다. 다 자라면 껄끄러워서 못 먹는다. 파도에 쓸려 온 지충이는 집짐승을 먹이거나 거름으로 쓴다.

홍조류 보라털과
길이 15~30cm
나는 곳 갯바위
뜯는 때 겨울~이른 봄
특징 사람들이 즐겨 먹는다.

김 누덕나물, 돌김, 깁 *Porphyra tenera*

김은 바닷가 바위나 돌에 이끼처럼 붙어 자란다. 바위에 누덕누덕 붙는다고 '누덕나물'이라고도 한다. 늦가을에 돋아서 한겨울에 바위를 뒤덮는다. 뜯으면 며칠 있다가 같은 자리에 또 돋는다. 뜯어서 종잇장처럼 얇게 말려 먹는다. 향긋하고 고소하다. 구워 먹거나 무쳐 먹고 국을 끓여 먹는다. 김이나 우뭇가사리처럼 붉은빛이 도는 바닷말을 '홍조류'라고 한다. 홍조류는 바닷가 얕은 곳부터 깊은 곳까지 널리 퍼져 산다.

홍조류 우뭇가사리과
길이 10~30cm
나는 곳 맑은 바닷속 바위나 돌
뜯는 때 봄~여름
특징 묵을 만들어 먹는다.

우뭇가사리 천초, 풍락초 *Gelidium amansii*

우뭇가사리는 맑은 바닷속 바위나 돌에 붙어 자란다. 흔한 바닷말로 남
해와 제주 바다에 많다. 얇고 가는 줄기가 여러 갈래로 갈라진다. 봄과
여름에 많이 뜯는데, 뿌리를 남겨 두면 또 돋는다. 많이 나는 곳을 천초
밭이라고 한다. 늦가을이면 녹아 없어진다. 뜯어서 묵을 만들어 먹는다.
붉은 우뭇가사리가 하얗게 될 때까지 바짝 말린다. 이것을 푹 끓여서 식
히면 우무묵이 된다. 사람들은 '한천'이라고 한다.

홍조류 풀가사리과
길이 1～10cm
나는 곳 뭍 가까운 갯바위
뜯는 때 겨울～이른 봄
특징 갯바위 맨 위쪽에 붙어 자란다.

불등풀가사리 까시리, 새미 *Gloiopeltis furcata*

불등풀가사리는 갯바위에 까실까실하게 돋는다. 남해와 제주 바다에
많다. 가지가 가늘고 끝은 뾰족하다. 속이 비어 있고 탱탱한 느낌이다.
겨울부터 이듬해 봄까지 뜯는데, 미끈거려서 재를 뿌리고 뜯기도 한다.
고둥이나 조개를 넣고 국을 끓이면 국물이 뽀얗게 우러난다. 파래를 섞
어 무쳐 먹고, 밀가루를 묻혀 쪄 먹는다. 말렸다가 오래 두고 먹는다. 씹
으면 사그락사그락 소리가 난다.

홍조류 지누아리과
길이 20~60cm
나는 곳 갯바위
특징 풀을 만들어 썼다.

참도박 곰피 *Grateloupia elliptica*

참도박은 바닷가 바위나 돌에 붙어 자란다. 이른 봄에 물 빠진 바닷가
를 뒤덮을 만큼 많이 나기도 한다. 미역과 닮았는데 더 빳빳하고 무척
미끈거린다. 참도박은 못 먹는다. 뜯어서 말렸다가 푹 고면 찐득한 물이
나온다. 이 물로 풀을 쑨다. 삼베옷에 풀 먹이고 벽지를 바를 때 많이 썼
다. 한번 붙이면 잘 안 떨어지고 곰팡이도 안 생긴다.

홍조류 꼬시래기과
길이 20cm
나는 곳 서해, 남해 갯벌
뜯는 때 겨울～이듬해 봄
특징 긴 머리카락 같다.

꼬시래기 꼬시락 *Gracilaria verrucosa*

꼬시래기는 갯바위에 붙어서 자란다. 모래밭이나 뻘 밭에 있는 자갈이나 조개껍데기에 붙어 자라기도 한다. 민물이 드나들고 파도가 잔잔한 바닷가에 많다. 여름에도 녹아 없어지지 않고 일 년 내내 볼 수 있다. 긴 머리카락이 헝클어진 것처럼 보인다. 물속에서는 검붉은데 햇빛에 드러나면 까맣게 바뀐다. 겨울과 봄에 많이 뜯는다. 데친 뒤 무쳐 먹으면 짭잘하면서 꼬들꼬들하다. 데치면 파래진다.

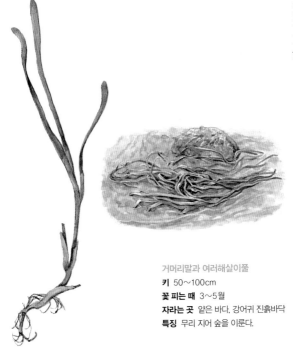

거머리말과 여러해살이풀
키 50~100cm
꽃 피는 때 3~5월
자라는 곳 얕은 바다. 강어귀 진흙바닥
특징 무리 지어 숲을 이룬다.

거머리말 잘피, 진저리 *Zostera marina*

거머리말은 얕은 바다나 강어귀 진흙 바닥에 사는 여러해살이풀이다. 물이 깨끗하고 물살이 세지 않은 바닷속에서 숲을 이룬다. 잎이 가늘고 긴 끈 같다. 흔히 '잘피'라고 하며 무리 지어 자란 곳을 '잘피밭'이라고 한다. 잘피밭은 다른 생물들이 깃들어 사는 보금자리다. 물고기들이 옹기종기 모여 살고 기다란 잎에 알을 붙여 낳는다. 또 바닷물을 맑게 해준다. 하얗고 굵은 뿌리를 먹는다.

벼과 여러해살이풀

키 200~300cm
꽃 피는 때 9월
여무는 때 늦가을
자라는 곳 강어귀, 바닷가
특징 물가에서 자란다.

갈대 갈, 갈풀 *Phragmites communis*

갈대는 강어귀나 뻘 밭 가장자리 물기가 많은 땅에서 자란다. 크게 무리
지어 '갈대밭'을 이룬다. 뿌리줄기가 옆으로 길게 뻗는데 마디마디에서
수염뿌리가 나고 싹이 돋아 자란다. 뭍에서 바다로 흘러드는 더러운 물
을 걸러 내서 물을 맑게 한다. 키가 3m까지 크고 줄기는 곧고 단단한데
속은 비어 있다. 갈대 줄기를 베어 돗자리나 발을 엮고 지붕을 인다. 이
삭으로는 방을 쓰는 비를 만든다.

명아주과 한해살이풀

키 30~90cm
꽃 피는 때 7~8월
자라는 곳 서해, 남해 갯벌
뜯는 때 봄
특징 어린순을 나물로 먹는다.

나문재 갯솔나무 *Suaeda asparagoides*

나문재는 바닷가 갯벌이나 모래밭에 흔하다. 뭍 가까운 서해 갯가에서 크게 무리 지어 자란다. 잎이 솔잎처럼 생겨서 '갯솔나무'라고도 한다. 줄기와 가지가 똑바로 자라고, 짧고 가는 잎이 빽빽하게 돋는다. 여름에는 잎겨드랑이에서 자잘한 초록색 꽃이 핀다. 여름 들머리에 아래부터 빛깔이 점점 빨갛게 물든다. 봄에 어린순을 뜯어서 무쳐 먹는다. 데쳐서 말렸다가 오래 두고 먹기도 한다.

명아주과 한해살이풀
키 10~30cm
꽃 피는 때 8~10월
자라는 곳 서해, 남해 갯벌, 강어귀
뜯는 때 봄
특징 소금 대신 썼다.

퉁퉁마디 함초 *Salicornia herbacea*

퉁퉁마디는 갯벌이나 강어귀 진흙밭에 무리 지어 자란다. 줄기가 퉁퉁
하고 마디가 많아서 '퉁퉁마디'다. 여름에는 푸르다가 가을에 빨갛게
물든다. 퉁퉁마디를 씹으면 짠 맛이 난다고 '함초'라고도 한다. 소금이
귀할 때는 퉁퉁마디를 소금 대신 썼다. 늦봄부터 여름 사이에 뜯어 말
렸다가 가루를 내어 소금처럼 쓴다. 연할 때는 나물로 무쳐 먹고 물김치
를 담근다. 향긋하고 아삭아삭 씹힌다.

어린순

해홍나물 *S. maritima*
'바닷가의 붉은 나물'이라고
해홍나물이다. 잎이 칠면초보다 좀 더
뾰족하다. 봄에 어린순을 먹는다.

명아주과 한해살이풀
키 30~40cm
꽃 피는 때 7~8월
자라는 곳 서해, 남해 갯벌이나 모래땅
특징 갯벌을 붉게 물들인다.

칠면초 *Suaeda japonica*

칠면초는 서해와 남해 갯벌이나 강어귀에 넓게 무리 지어 자란다. 밀물 때 물이 잠기는 곳부터 뭍에 가까운 딱딱한 갯가까지 널리 퍼져 난다. 줄기가 곧게 서고 통통하다. 잎은 방망이처럼 생겼다. 여름에는 푸른색이다가 가을에 붉은색이나 자주색으로 바뀐다. 소금기가 많은 곳에서는 어릴 때부터 붉은빛을 띤다. 나서 죽을 때까지 색이 일곱 번 바뀐다고 '칠면초'라고 한다.

명아주과 한해살이풀
키 10~40cm
꽃 피는 때 7~8월
자라는 곳 서해, 남해 갯벌이나 모래땅
뜯는 때 봄
특징 어린순을 뜯어 나물로 먹는다.

수송나물 가시솔나물 *Salsola komarovii*

수송나물은 바닷가 모래땅에 산다. 밑에서 가지가 많이 갈라지고 비스듬하게 누워 자란다. 어린순이 솔잎 같다고 '가시솔나물'이라고도 한다. 잎은 뾰족하면서도 통통하다. 겨울에도 시들지 않는다. 봄에 어린순을 뜯어 나물로 먹으면 입맛이 돌고 기운이 난다. 말렸다가 국을 끓이거나 튀겨 먹기도 하고 약으로도 쓴다. 5월 단오가 지나면 줄기가 억세지고 쓴맛이 나서 못 먹는다.

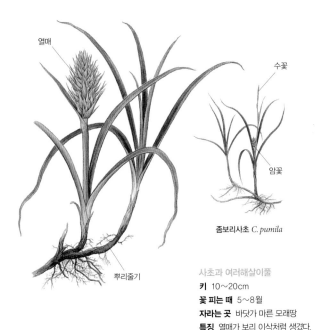

열매

수꽃

암꽃

좀보리사초 *C. pumila*

사초과 여러해살이풀
키 10~20cm
꽃 피는 때 5~8월
자라는 곳 바닷가 마른 모래땅
특징 열매가 보리 이삭처럼 생겼다.

뿌리줄기

통보리사초 큰보리대가리 *Carex kobomugi*

통보리사초는 바닷물이 안 닿는 바닷가 모래밭에 무리 지어 자란다. 바닷가 모래 언덕에서 흔히 볼 수 있다. 키가 작고 잎이 뿌리에서 바로 올라온다. 줄기 끝에서 늦봄부터 여름 내내 꽃이 핀다. 열매는 보리 이삭처럼 생겼다. 모래 속에서 굵고 단단한 뿌리줄기를 옆으로 길게 뻗어 퍼진다. 이 뿌리가 모래흙이 안 무너지게 막아 주기 때문에 사람들이 일부러 심기도 한다. 열매를 약으로 쓴다.

콩과 여러해살이풀
키 20~60cm
꽃 피는 때 5~6월
자라는 곳 바닷가 마른 모래땅
뜯는 때 이른 봄
특징 완두와 닮았다.

갯완두 개완두 *Lathyrus japonica*

갯완두는 바닷가 마른 모래땅에서 흔히 난다. 비스듬히 누워 자란다.
완두와 닮았는데 조금 작다. 뿌리줄기가 땅속으로 이리저리 뻗으며 퍼
진다. 잎끝에는 덩굴손이 있다. 봄에 보라색 꽃이 핀다. 꽃이 지면 길이
가 3cm쯤 되는 꼬투리가 여문다. 꼬투리는 안 먹고 이른 봄에 어린싹을
나물로 먹는다. 살짝 데쳐서 무쳐 먹는데 맛이 순하고 달다. 국을 끓이
기도 한다. 말려서 열을 내리고 오줌을 잘 누게 도와주는 약으로 쓴다.

메꽃과 여러해살이풀
키 30~60cm
꽃 피는 때 5~7월
자라는 곳 바닷가 모래땅
특징 메꽃과 닮았는데 잎이 둥글다.

갯메꽃 개메꽃 *Calystegia soldanella*

갯메꽃은 바닷가 모래땅에서 흔하게 자라는 덩굴풀이다. 밀물 때 물에 잠기는 바닷가에서부터 물이 닿지 않는 높은 데까지 산다. 모래 속으로 뿌리줄기를 뻗어 퍼지면서 넓게 무리를 짓는다. 봄에 나팔꽃처럼 생긴 연분홍 꽃이 핀다. 잎은 동글동글하고 도톰하며 윤이 난다. 어린순을 나물로 먹는다. 국숫발 같은 흰 뿌리는 날로 먹거나 삶아 먹고 약으로도 쓴다.

산형과 여러해살이풀
키 5~40cm
꽃 피는 때 5~7월
자라는 곳 바닷가 모래땅, 바위 벼랑
뜯는 때 봄
특징 뿌리를 아주 깊이 뻗는다.

갯방풍 방풍나물, 해방풍 *Glehnia littoralis*

갯방풍은 바람이 많이 부는 바닷가 모래땅에서 자란다. 뿌리가 깊고 바닥에 바싹 붙어 자라서 바닷가 거센 바람도 잘 견딘다. 겨울에도 잎이 시들지 않는다. 어린순을 나물로 먹는데 살짝 데쳐야 맛과 향이 산다. 매운맛이 나고 씁싸래하면서도 향긋하다. 뿌리는 가을과 겨울에 캐서 말렸다가 약으로 쓰는데 모래 속으로 깊이 뻗어 뽑으려면 무척 힘들다. 감기로 열이 나고 머리가 아플 때나 목이 쉬었을 때 먹으면 좋다.

장미과 떨기나무
키 100~200cm
꽃 피는 때 5~8월
자라는 곳 바닷가 마른 모래땅
특징 여름에 큼직한 자줏빛 꽃이 핀다.

해당화 바다찔레, 붉은찔레 *Rosa rugosa*

해당화는 바닷가 모래땅에서 잘 자라는 떨기나무다. 거센 바닷바람에
도 쓰러지지 않고 소금기도 잘 견딘다. 집 둘레에 울타리로 심는다. 가
지를 많이 쳐서 덤불을 이룬다. 가지에는 가늘고 긴 가시가 빽빽하게 난
다. 여름에 큼직한 자줏빛 꽃이 핀다. 가을에 동그랗고 빨간 열매가 달
린다. 씨앗을 파내고 먹는데 새콤달콤 맛있다. 열매와 꽃은 약으로 쓰고
뿌리는 옷에 밤색 물을 들인다.

갯벌 더 알아보기

동죽이 가득 담긴 자루

갈고리
조개 캘 때 많이 쓴다.

써개
대맛조개를 캘 때 쓴다.

조개 캐는 아주머니

여러 가지 동죽

수천 년을 이어 온 갯살림

우리 겨레는 농사를 짓기 훨씬 전부터 바다에서 먹을거리를 구해 살아왔다. 선사시대 집터나 조개더미를 보면 바닷가에서 갯일을 하고 물고기를 잡아먹은 흔적이 남아 있다.

선사시대 조개더미에는 조개나 고둥 껍데기, 물고기 뼈 따위가 나오는데 지금 우리가 먹는 것과 크게 다르지 않다. 굴이나 바지락, 전복, 소라 같은 것들이다. 바닷말도 오래전부터 먹었다. 《삼국유사》에는 삼국시대에 미역을 따 먹었다는 기록이 나온다.

지금도 갯마을 사람들은 몇천 년 동안 조상들이 해 오던 대로 갯벌에 나가 조개를 캐고 고둥을 줍는다. 바닷속에 들어가 전복을 따고 배를 타고 나가서 물고기도 잡는다. 먼바다로 몇 년씩 나가 고기잡이를 하기도 한다. 또 가까운 바다에서 굴이나 가리비 같은 조개나 미역, 다시마 같은 바닷말을 길러 먹는다.

바닷말은 나물처럼 많이 먹는다고 바다나물이라고 한다. 미역, 다시마, 우뭇가사리, 톳, 파래 같은 바다나물은 시장에서도 흔히 본다. 갯마을에 가면 이런 바다나물을 반찬으로 많이 먹는다.

문어 단지
바다에 던져 놓으면
문어가 들어간다.

돼지가리맛 구멍

꽂게잡이 통발
미끼를 넣은 통발을 바닷속에 던져 놓으면
꽂게가 걸려든다. 갑오징어나 새우나
피뿔고둥도 통발을 써서 잡는다.

돼지가리맛

호크
돼지가리맛을 캘 때 쓴다.

민꽃게

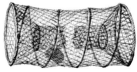

민꽃게 잡는 통발

동해 서해 남해

우리나라는 동쪽, 서쪽, 남쪽 삼면이 바다로 둘러싸여 있다. 동해와 서해, 남해 바다 환경은 저마다 다르다.

동해는 해안선이 곧게 뻗어 있다. 물이 차고 깊어서 찬물을 좋아하는 물고기들이 많다. 또 밀물과 썰물 차이가 작아서 썰물 때도 물이 멀리 물러나지 않는다. 그래서 서해와 달리 넓은 갯벌이 없고 바닷물이 늘 한자리에 있는 것처럼 보인다.

서해는 동해와 달리 해안선이 꼬불꼬불하다. 또 물이 얕고 따뜻하다. 동해 물 빛은 파란데 서해는 누렇다. 그래서 '황해'라고도 한다. 밀물과 썰물 차이가 커서 물이 빠지면 들판처럼 넓은 갯벌이 드러난다. 넓은 갯벌 때문에 아주 오래전부터 갯살림이 넉넉했다. 갯벌에 나가 조개를 캐고 고둥을 줍고 물고기를 잡아먹는다.

남해는 서해처럼 해안선이 꼬불꼬불하고 섬이 많다. 섬이 워낙 많아서 '다도해'라고 한다. 겨울에도 날씨가 따뜻해서 물고기들이 알을 많이 낳는다. 또 물이 맑고 깨끗해서 김이나 굴을 많이 길러 먹는다. 제주 바다는 따뜻한 바닷물이 줄곧 올라와서 아열대 생물이 많다.

뜰채
낚시할 때 큰 물고기가 걸리면
뜰채로 건져 올린다. 대나무로
자루를 만든다.

낙지 삽과 들통
낙지 구멍을 찾으면 삽으로 뻘을
떠낸 뒤 팔을 재빨리 집어넣어
낙지를 잡는다.

굴

조쇠
'조새' 라고도 한다. 쇠날로 쪼아서
굴 껍데기를 까고, 갈고리로
속살을 긁어낸다.

창   칼   호미

호미와 창은 갯바위나 돌에
붙은 굴을 껍데기째 딸 때 쓴다.
칼로는 따 온 굴 속살을 깐다.

밀물과 썰물

우리나라 바닷가는 하루에 두 번 바닷물이 들어왔다 나간다. 물이 바다 쪽으로 빠지면 '썰물'이고 육지 쪽으로 들어오면 '밀물'이다. 물이 들어오고 나가는 때를 '물때'라고 한다.

동해는 밀물과 썰물 차이가 거의 없어서 물때가 별로 중요하지 않다. 하지만 서해나 남해는 밀물과 썰물 차이가 커서 물때를 잘 알아야 갯일을 할 수 있다. 농사일은 해가 떠 있는 동안 하지만 갯일은 바닷물이 빠져야 할 수 있기 때문이다. 바닷물이 빠지는 정도는 날마다 다르다. 바닷물이 가장 적게 들어오고 빠지는 때를 '조금'이라 하고, 바닷물이 가장 많이 들어오고 빠지는 때는 '사리'라고 한다. 사리 무렵에는 조금 무렵보다 갯벌이 더 넓게 펼쳐져서 갯일을 하기 좋다. 사리는 다달이 음력 15일^{보름날}과 30일^{그믐날}, 조금은 음력 8일과 23일이다.

물이 빠진 동안에는 호미만 가지고 갯벌에 나가도 조개를 많이 캔다. 또 삽으로 뻘을 떠서 낙지도 잡는다. 그래서 썰물 때가 되면 갯마을 사람들은 깜깜한 밤이나 이른 새벽에도 갯일을 하러 나간다.

주꾸미

주꾸미 잡을 때 쓰는 피뿔고둥 껍데기
피뿔고둥 껍데기를 줄에 꿰어 바다에
던져 놓으면 주꾸미가 제집인 줄 알고
들어간다.

백합을 담은 종태기 '그럭'

말백합

그랭이는 '그레' 라고도 한다. 그랭이를
잡고 뒷걸음질 치면 톡톡 소리가
나면서 그랭이 날에 백합이 걸린다.

그랭이로 백합을 캐는 아주머니

소중한 텃밭, 갯벌

우리나라 서해와 남해는 바닷물이 빠지고 나면 넓은 갯벌이 드러난다. 갯벌은 강에서 흘러내려 온 흙과 모래가 오랫동안 쌓이고 쌓여서 생겼다. 갯벌 모습은 여러 가지다. 물살이 느린 바닷가에는 찰흙같이 질고 고운 펄이 있다. 들어가면 발이 허벅지까지 푹푹 빠져 걷기 힘들다. 물살이 빠른 바닷가에는 모래가 많이 섞인 갯벌이 생긴다. 경운기가 다닐 만큼 단단한 곳도 있다. 크고 작은 갯바위로 뒤덮인 곳도 있고 산 가까이 있어서 자갈이 깔린 갯벌도 있다. 우리나라 갯벌은 세계에서 다섯 손가락 안에 꼽힌다. 갯벌이 생긴 지 팔천 년이나 된다.

갯벌은 뭍에서 내려온 온갖 찌꺼기를 걸러 내서 바다를 깨끗하게 만든다. 아무것도 살지 않을 것 같은 거무튀튀하고 칙칙한 갯벌에는 수많은 생물이 깃들어 산다. 게나 지렁이는 끊임없이 갯벌에 굴을 파고 흙을 뒤집어 신선한 공기가 드나들게 해서 갯벌이 썩지 않게 도와주고 기름지게 만든다. 갯벌은 따로 씨를 뿌리고 가꾸지 않아도 일 년 내내 사람들에게 먹을거리를 주는 고마운 텃밭이다.

바닷가 동물과 식물

게

몸이 마디로 되어 있는 동물을 '절지동물'이라고 한다. 게나 새우, 따개비 따위가 절지동물이다. 게는 몸이 딱딱한 껍데기로 싸여 있어서 '갑각류'다. 몸이 자랄 때마다 껍데기를 벗는다. 이 것을 '탈피'라고 한다. 자라면서 여러 번 탈피를 한다.

홍게

집게발이 한 쌍 있다.

등딱지는 딱딱하다.

걷는 다리가 네 쌍 있다.

길이

폭

입으로 갯지렁이나 작은 물고기를 잡아먹는다. 아가미는 몸속에 있다.

홍게 배 쪽

배딱지가 넓적하면 암컷이고 좁으면 수컷이다.

고둥

고둥은 껍데기가 하나다. 구멍 밖으로 발을 내밀어 기어 다닌다. 배에 발이 붙어 있다고 '복족류'라고 한다. 발에서 끈적끈적한 물이 나와 울퉁불퉁하고 거친 바위에서도 다치지 않고 잘 기어 다닌다.

둥근배무래기

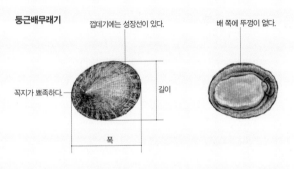

껍데기에는 성장선이 있다.

배 쪽에 뚜껑이 없다.

꼭지가 뾰족하다.

길이

폭

보말고둥

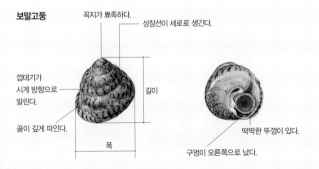

꼭지가 뾰족하다.

성장선이 세로로 생긴다.

껍데기가
시계 방향으로
말린다.

길이

골이 깊게 파인다.

폭

딱딱한 뚜껑이 있다.

구멍이 오른쪽으로 났다.

조개

조개는 조가비가 두 장씩 있어서 '이매패류'라고 한다. 딱딱한 조가비 안에 부드러운 속살이 있다. 조가비 밖으로 발을 내밀어서 갯바닥을 옮겨 다니고 뻘 속으로 깊이 파고든다.

개조개

꼭지가 둥그스름하다.

수관으로 물이 들어오고 나가며 숨을 쉰다.

성장선이 둥글게 난다.

길이

폭

껍데기가 두 장이다.

새조개

골이 세로로 파인다.

껍데기를 벌리고 발을 내민다.

새우

새우는 게처럼 몸이 마디로 되어 있고 껍질이 딱딱한 절지동물 갑각류다. 새우는 몸이 머리, 가슴, 배로 나뉜다. 머리와 가슴이 이어져서 '머리가슴'이라고 한다. 머리가슴에는 더듬이가 두 쌍, 걷는 다리가 다섯 쌍 있다. 배에는 헤엄치는 다리가 다섯 쌍 있다. 배는 일곱 마디다.

대하

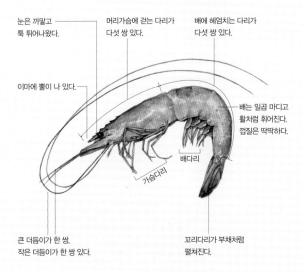

눈은 까맣고
툭 튀어나왔다.

머리가슴에 걷는 다리가
다섯 쌍 있다.

배에 헤엄치는 다리가
다섯 쌍 있다.

이마에 뿔이 나 있다.

배는 일곱 마디고
활처럼 휘어진다.
껍질은 딱딱하다.

배다리

가슴다리

큰 더듬이가 한 쌍,
작은 더듬이가 한 쌍 있다.

꼬리다리가 부채처럼
펼쳐진다.

따개비

　따개비나 거북손도 절지동물 갑각류다. 게나 새우와 달리 한 곳에 꼭 붙어서 무리 지어 산다. 어릴 때는 물에 떠다니다가 곧 갯바위에 붙어서 단단한 껍데기를 만들고 평생 산다.

거북손

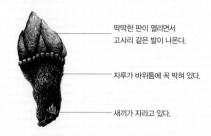

딱딱한 판이 열리면서
고사리 같은 발이 나온다.

자루가 바위틈에 꼭 박혀 있다.

새끼가 자라고 있다.

고랑따개비

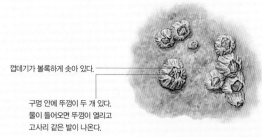

껍데기가 볼록하게 솟아 있다.

구멍 안에 뚜껑이 두 개 있다.
물이 들어오면 뚜껑이 열리고
고사리 같은 발이 나온다.

갯지렁이

갯지렁이처럼 몸에 마디가 있고 긴 원통처럼 생긴 동물을 '환형동물'이라고 한다. 갯지렁이는 털 같은 발이 수없이 많아서 '다모류'라고도 한다. 뻘 속에 관을 만들고 산다. 이 관으로 숨도 쉬고 바닷물을 빨아들여 먹이를 걸러 먹는다. 관을 만들지 않고 이리저리 굴을 파고 돌아다니는 갯지렁이도 있다.

두토막눈썹참갯지렁이

몸에 마디가 많다.
몸을 늘였다 줄였다 한다.

작은 발이 아주 많다.

입에는 날카로운 이빨이 있다.

불가사리와 성게, 해삼

불가사리나 성게, 해삼처럼 몸에 가시나 혹이 나 있는 동물을 '극피동물'이라고 한다. 몸에는 늘었다 줄었다 하는 '관족'이 있다. 관족이 발 노릇을 해 바닥을 기어 다닌다. 몸 일부가 떨어져 나가도 다시 온전하게 자란다.

아무르불가사리

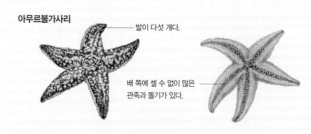

발이 다섯 개다.

배 쪽에 셀 수 없이 많은 관족과 돌기가 있다.

보라성게

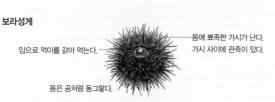

입으로 먹이를 갉아 먹는다.

몸에 뾰족한 가시가 난다. 가시 사이에 관족이 있다.

몸은 공처럼 동그랗다.

해삼

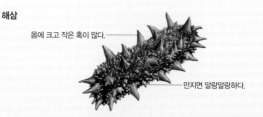

몸에 크고 작은 혹이 많다.

만지면 말랑말랑하다.

해파리와 말미잘

해파리나 말미잘처럼 촉수에 독침이 있는 동물을 '자포동물'이라고 한다. 긴 촉수로 냄새를 맡거나 바닷물 속 영양분을 걸러 먹고 독을 쏘아서 먹이를 잡는다.

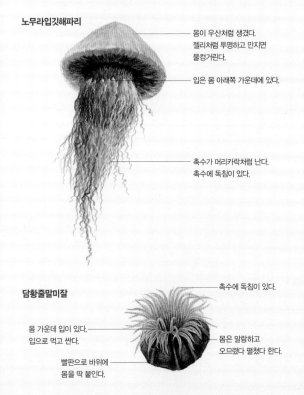

노무라입깃해파리

— 몸이 우산처럼 생겼다.
젤리처럼 투명하고 만지면
물컹거린다.

— 입은 몸 아래쪽 가운데에 있다.

— 촉수가 머리카락처럼 난다.
촉수에 독침이 있다.

담황줄말미잘

— 촉수에 독침이 있다.

몸 가운데 입이 있다.
입으로 먹고 싼다.

몸은 말랑하고
오므렸다 펼쳤다 한다.

빨판으로 바위에 —
몸을 딱 붙인다.

오징어와 문어

　몸에 뼈가 없이 물렁물렁한 동물을 '연체동물'이라고 한다. 오징어나 문어, 낙지, 주꾸미, 꼴뚜기는 뼈나 껍데기가 없고 몸이 연한 연체동물이다. 머리처럼 보이는 것이 몸통이고, 몸통 아래쪽에 머리가 있다. 머리에 다리가 붙어 있어서 '두족류'라고 한다. 천적을 만나면 몸 색깔을 바꾸고 먹물을 뿜고 달아난다.

꼴뚜기

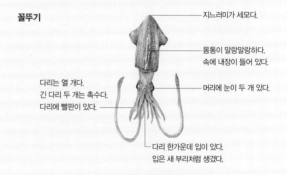

지느러미가 세모다.

몸통이 말랑말랑하다.
속에 내장이 들어 있다.

다리는 열 개다.
긴 다리 두 개는 촉수다.
다리에 빨판이 있다.

머리에 눈이 두 개 있다.

다리 한가운데 입이 있다.
입은 새 부리처럼 생겼다.

문어

몸통이 머리처럼 생겼다.

눈이 붙은 곳이 머리다.

다리는 여덟 개다.
머리 밑에 붙었다.

빨판이 크고 두 줄로 늘어섰다.
들러붙는 힘이 세다.

개맛

개맛은 몸통이 조개처럼 조가비 두 장으로 덮여 있다. 꼬리처럼 긴 발로 바위에 달라붙거나 진흙을 파고 들어간다. 껍데기 위쪽에 털처럼 보이는 촉수가 있다. 물이 들어오면 이 촉수로 플랑크톤을 잡아먹는다. 사는 곳에 따라 껍데기 빛깔과 크기가 조금씩 다르다. 이런 동물을 '완족동물'이라고 한다.

개맛

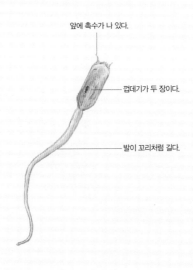

앞에 촉수가 나 있다.

껍데기가 두 장이다.

발이 꼬리처럼 길다.

개불

개불은 소시지처럼 생겼다. 몸 앞쪽에 주둥이가 있다. 짧은 원뿔 같은 주둥이를 오므렸다 폈다 한다. 진흙 속에 굴을 파고 산다. 20~100cm까지 굴을 판다. 지렁이 같은 환형동물과 가깝지만 몸에 마디가 없다. 이런 동물을 '의충동물'이라고 한다. 온몸이 발갛고 물렁물렁하다. 몸을 늘였다 줄였다 해서 몸길이가 들쭉날쭉하다. 겉으로는 매끈해 보이지만 살갗에 자잘한 돌기가 많이 나 있다.

개불

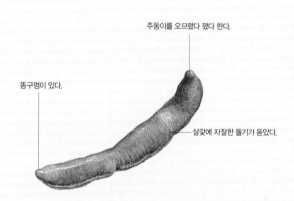

주둥이를 오므렸다 폈다 한다.

똥구멍이 있다.

살갗에 자잘한 돌기가 돋았다.

미더덕과 멍게

미더덕과 멍게는 몸을 바위에 꼭 붙이고 사는 '척삭동물'이다. 물이 드나드는 구멍으로 물속 영양분이나 플랑크톤을 걸러 먹는다. 껍질이 가죽처럼 질기고 두껍다.

미더덕

자루가 바위에 꼭 붙어 있다.

껍질은 아주 질기다.

껍질을 벗긴 미더덕

물이 드나드는 구멍이 두 개 있다.

멍게

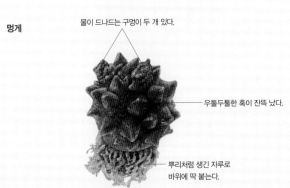

물이 드나드는 구멍이 두 개 있다.

우툴두툴한 혹이 잔뜩 났다.

뿌리처럼 생긴 자루로 바위에 딱 붙는다.

물고기

바닷가에 가면 이곳저곳에서 물고기를 볼 수 있다. 갯벌에서는 짱뚱어와 말뚝망둥어가 물 밖에 나와 돌아다닌다. 바닷가 물웅덩이에는 베도라치 같은 물고기가 바위틈에 숨어 있다. 얕은 바닷속에는 풀망둑 같은 물고기가 산다.

짱뚱어   말뚝망둥어

갯벌에 사는 물고기

베도라치

물웅덩이에 사는 물고기

풀망둑

얕은 바닷속에 사는 물고기

새

강어귀나 갯벌에는 먹이가 많고 쉴 곳도 많아서 철새가 많이 날아온다. 철새는 철 따라 살기 좋은 곳으로 옮겨 다닌다. 여름 철새는 봄에 우리나라에 와서 새끼를 치고 여름을 난 뒤 가을에 남쪽으로 날아간다. 겨울 철새는 가을에 우리나라로 날아와 겨울을 나고 봄에 북쪽으로 돌아간다. 괭이갈매기는 철 따라 옮겨 다니지 않고 우리나라에 눌러사는 텃새다.

여름 철새   저어새

물수리

겨울 철새

텃새   괭이갈매기

바닷말

바닷말은 바다에서 나는 풀이다. 주로 늦가을부터 이른 봄 사이에 난다. 사는 곳에 따라 색깔이 다르다. 얕은 곳에는 햇빛이 잘 들기 때문에 푸른 엽록소로 영양분을 만드는 '녹조류'가 산다. 좀 더 깊은 바다에는 갈색 바닷말이 나는데 '갈조류'라고 한다. 햇빛이 거의 안 드는 깊은 바다에는 붉은빛을 내는 '홍조류'가 자라는데 얕은 바다부터 깊은 바닷속까지 널리 퍼져 산다.

녹조류　　파래　　　　　　청각

갈조류　　미역　　　　　　다시마

홍조류　　김　　　　　　우뭇가사리

바닷가 식물

바닷가에는 거센 바닷바람과 소금기를 잘 견디는 풀과 나무가 자란다. 강과 바다가 만나는 강어귀에는 갈대가 많다. 크게 무리 지어 자라는 갈대숲에서 철새들이 쉬어 간다. 소금기가 많은 갯벌에서 자라는 식물을 '염생식물'이라고 한다. 나문재나 칠면초, 퉁퉁마디처럼 바닷물이 들어오고 나가는 곳에 무리 지어 자란다. 바닷가 모래 언덕에는 통보리사초, 갯방풍, 해당화 같은 풀과 나무가 자란다. 이 풀들은 뿌리로 모래를 단단히 잡고 있어서 모래 언덕이 무너지지 않게 도와준다.

강어귀 갈대   **갯벌** 나문재   퉁퉁마디

모래 언덕 통보리사초   해당화

찾아보기

학명 찾아보기

우리말 찾아보기

《갯벌》(백용해, 창조문화, 2000)

《갯벌, 그 자연의 생명력 속으로!》(제종길 외, 녹색연합, 1998)

《갯벌 끈끈한 내 친구야》(이학곤, 꿈소담이, 2004)

《갯벌, 무슨 일이 일어나고 있을까?》(이혜영, 사계절, 2004)

《갯벌 생태와 환경》(이병구, 일진사, 2004)

《갯벌을 가다》(김준, 한얼미디어, 2004)

《갯벌 이야기》(백용해, 여성신문사, 2003)

《갯벌탐사도감》(김종문, 예림당, 2000)

《갯벌 환경과 생물》(이학곤, 아카데미서적, 2002)

《경기만의 갯벌》(최춘일, 경기문화재단, 2000)

《경남 어촌 민속지》(국립민속박물관, 2002)

《대한식물도감》(이창복, 향문사, 2003)

《동물원색도감》(과학백과사전종합출판사, 1982, 평양)

《몸에 좋은 산야초》(윤국병 외, 석오출판사, 1989)

《무슨 풀이야?》(도토리 기획, 보리출판사, 2003)

《바닷가 동물》(김훈수, 웅진출판, 1993)

《바닷가 생물》(백의인, 아카데미서적, 2001)

《바위해변에 사는 해양생물》(손민호, 풍등출판사, 2003)

《살아있는 갯벌 이야기》(백용해, 창조문화, 1999)

《새만금은 갯벌이다》(김준, 한얼미디어, 2006)

《서해 연안 - 전북의 포구와 섬》(조상진, 신아출판사, 1998)

《세밀화로 그린 보리 어린이 동물도감》(도토리 기획, 보리출판사, 1998)

《세밀화로 그린 보리 어린이 식물도감》(도토리 기획, 보리출판사, 1997)

《수중생물 원색도감》(황성, 공업종합출판사, 1993, 평양)

《쉽게 찾는 우리 새 - 강과 바다의 새》(김수일 외, 현암사, 2003)

《식물원색도감》(과학백과사전종합출판사, 2001, 평양)

《신원색한국패류도감》(권오길 외, 도서출판 한글, 2001)

《약초산행》(최진규, 김영사, 2002)

《우리나라의 수산 자원》(경공업잡지사, 1960, 평양)

《우리 바다 해양 생물》(제종길 외, 다른세상, 2003)

《원색한국패류도감》(권오길 외, 아카데미서적, 1993)

《원색한국패류도감》(유종생, 일지사, 1995)

《월간 우리 바다》(수산업협동조합중앙회 홍보부, 1998. 10~2006. 6)

《자산어보》(정약전 지음, 정문기 옮김, 지식산업사, 1992)

《재미있는 바다생물 이야기》(박수현, 추수밭, 2006)

《재편집 동의학사전》(과학백과사전종합출판사, 까치, 1990)

《조선의 민속 전통》(과학백과사전종합출판사, 1994, 평양)

《조선의 바다》(박승국, 윤익병, 한국문화사, 1999)

《조선조류원색도설》(원홍구, 과학원출판사, 1958, 평양)

《조선조류지 1, 2, 3》(원홍구, 과학원출판사, 1965, 평양)

《한국동물명집(곤충 제외)》(한국동물분류학회, 아카데미서적, 1997)

《한국동식물도감》(제19권 동물편 새우류, 문교부, 1977)

《한국동식물도감》(제25권 동물편 조류 생태, 문교부, 1981)

《한국동식물도감》(제14권 동물편 집게, 게류, 문교부, 1973)

《한국동식물도감》(제8권 식물편 해조류, 문교부, 1968)

《한국식물명고》(이우철, 아카데미서적, 1997)

《한국의 갯벌》(고철환 엮음, 서울대학교 출판부, 2001)

《한국의 새》(이우신 외, 엘지상록재단, 2000)

《한국의 야생식물》(고경식 외, 일진사, 2003)

《한국의 조개》(이준상 외, 민패류연구소, 2005)

《한국해양무척추동물도감》(홍성윤 외, 아카데미서적, 2006)

《한국해양생물사진도감》(박흥식 외, 풍등출판사, 2001)

《해양생물학 - 저서생물》(윤성규, 홍재상, 아카데미서적, 1995)

《현산어보를 찾아서》(1~5권)(이태원, 청어람미디어, 2002~2003)

《호박국에 밥말아 먹고 바다에 나가 별을 세던》(박형진, 내일을여는책, 1996)

Seashore Life of Britain & Europe, Bob Gibbons, New Holland Publishers, 2001, UK

Seashore of the Pacific Northwest, Ian Sheldon, Lone Pine Publishing, 1998, Canada

참고한 인터넷 홈페이지

http://www.nfrda.re.kr/(국립수산과학원)

http://buan21.com/(부안21)

http://www.wbk.or.kr/(습지와 새들의 친구)

http://birdinkorea.net/(한국의 새)

그린이

이원우 1964년 인천에서 태어났다. 추계예술대학교에서 서양화를 공부했고, 그림책 《뻘 속에 숨었어요》, 《갯벌에서 만나요》, 《세밀화로 그린 보리 어린이 약초도감》에 그림을 그렸다.

백남호 1977년 경기도 가평에서 태어났다. 경민대학교에서 만화를 공부했고, 그림책 《소금이 온다》, 《야, 미역 좀 봐》, 《꽃바구니 속 노랑 할미새》에 그림을 그렸다.

조광현 1959년 대구에서 태어났다. 홍익대학교에서 회화를 공부했고, 《갯벌, 무슨일이 일어나고 있을까?》, 《세밀화로 그린 보리 큰도감 바닷물고기도감》에 그림을 그렸다.

천지현 1984년 서울에서 태어났다. 한양여자대학교에서 일러스트레이션을 공부했고, 제1회 보리 세밀화 공모전에서 달팽이 그림으로 상을 받았다. 《세밀화로 그린 보리 큰도감 새도감》에 그림을 그렸다.

김시영 1966년 전남 함평에서 태어났다. 홍익대학교에서 서양화를 공부했고, 그림책 《벼가 자란다》, 《뿌웅 보리방귀》, 《와, 개똥참외다!》, 《쪽쪽》에 그림을 그렸다.

이주용 1967년 서울에서 태어났다. 경원대학교에서 회화를 공부했고, 《개구리와 뱀》, 《무슨 꽃이야?》, 《세밀화로 그린 보리 어린이 양서파충류도감》에 그림을 그렸다.